U0961465

BLACK SWAN 黑天鹅图书

为 人 生 提 供 领 跑 世 界 的 力 量

BLACK SWAN

逻辑工作法

[日] 西村克己 著　罗梦迪 译

Logics

北京联合出版公司
Beijing United Publishing Co.,Ltd.

遵循逻辑工作的逻辑君

逻辑君

你　属　于　哪　个　类　型？

依靠感觉工作的无逻辑君

无逻辑君

做个测试　看看你是逻辑君，还是无逻辑君

01	经常被上司指出汇报工作准备得不够充分	YES/NO
02	曾被人指出（或自认为）看待事物的视野过于狭隘	YES/NO
03	接到新任务之后不知道接下来的工作该如何开展	YES/NO
04	经常想不出好的点子和解决方法，工作毫无进展	YES/NO
05	不知道该如何整理手中已有的信息	YES/NO
06	每天的工作安排得满满当当，处理日常业务时手忙脚乱	YES/NO
07	总是完不成工作任务，在工作中找不到成就感	YES/NO
08	曾有过逾期未完成工作，或是忘记截止日期的经历	YES/NO

09 苦恼于安排做事的先后顺序 YES/NO

10 头脑中的信息杂乱无章、一片混乱 YES/NO

11 苦恼于要写出几千字的报告书 YES/NO

12 苦恼于写计划书或者报告书 YES/NO

13 归根结底就是不擅长写作 YES/NO

14 和别人聊天时发愁找不到话题 YES/NO

15 不喜欢或是不擅长附和别人讲话 YES/NO

16 一在众人面前讲话就会紧张焦虑 YES/NO

17 曾被人指出讲话啰唆的毛病 YES/NO

18 曾被人指出讲话没重点的毛病（自己也找不到讲话的重点） YES/NO

19 在人前讲话时，过分在意听众的反应，无法集中精力 YES/NO

20 不知道演讲内容该准备什么、怎样准备，即便很短的讲话也是如此

YES/NO

如果 YES 的回答超过 8 个，说明你是一名无逻辑君。

平时是不是凭感觉来工作呢?

YES 的回答超过 14 个的人，问题已经相当严重。

最近工作怎么样? 还顺利吗?

如果觉得工作遇到瓶颈、停滞不前，不妨试试用逻辑思维来指导工作，它能帮助你的工作顺利进展!

如果 YES 的回答不超过 7 个，说明你是一名逻辑君。

YES 的回答不超过 3 个的人，平时工作起来一定得心应手吧!

比起无逻辑君，上司对你的评价一定也更高。

如果再学会本书中的逻辑工作法，工作成绩会更上一层楼。

从现在开始，送给所有的无逻辑君和逻辑君，

一个成长进步的机会!

序言

做完刚才这 20 道测试题，结果如何?

YES 的回答超过 8 个的人，已经步入了“无逻辑君”“模拟君”的行列，头脑中的信息杂乱无章，问题相当严重。用道路来打比方，他们的大脑就像欧洲旧街市的街道结构一样,全是一条条细长的小路，纵横交错，完全看不到前方会通向何处，更可怕的是，往往走到尽头才发现竟是死路一条。

可是人在这样的环境中，因为不知道自己身在何处，只能在一个地方转来转去，拼命寻找出口，满头大汗，结果却徒劳无功，最后还是迷了路，其实心里并不是想着要逃走。

YES 的回答不超过 7 个的人可以归为“逻辑君”的行列。这一类人习惯用逻辑思维来考虑事情、安排工作，身边的人也会评价他们工作能力强并且做事麻利。

用道路来打比方，他们的大脑就像是京都或札幌等城市的道路结构：主路为东西或南北走向，道路与道路垂直交叉，并且每条路都标有序号，因此，可以清楚地知道自己身在何处，不会迷路。这样的人，工作起来自然进展顺利，并且，他们懂得怎样的说话方式让人听起来觉得清晰明确。

YES的回答不超过3个的人，可以称得上“超级逻辑君”“数字君”了。这样的人，头脑敏捷，擅长理论，善于整理事物，工作起来十分利索。但有的时候，因为他们太过于习惯用逻辑思维来评判周围所有的事物，这可能会在无意中伤害到周围的无逻辑君们。

用道路来打比方，这一类人的大脑就像是高速公路。他们工作起来得心应手，效率极高。但由于工作能力实在太强，而被周围人所依赖，可能会导致自身的工作量不断增加。只是有时候，上司和周围的人看不到他们的辛苦工作，反而会觉得他们每天只是穷忙而已。

本书共分为6章，结构设置如下：

第1章，避免被上司批评的思维方式。脱离逻辑思维的思考方式，是很容易产生死角的。例如，有的人在做一件事时，只考虑了这样做的优点，而没有考虑到风险和其他弊端，而这一点一旦被上司指出来，就会立刻变得语无伦次。为了避免发生这样的尴尬，事先要全面检查一下，看看自己有没有做到MECE（没有遗漏和重复的状态）。

第 2 章，科学安排时间，避免无意义的加班。用逻辑思维指导工作,可以在最大限度上避免偏离目标的无用功,从而学会工作张弛有度、提高效率的技巧。

第 3 章，让身边人刮目相看的思维方式。每一天，都有许许多多的问题等着我们去解决。如果找不到解决的方法，或想不出好的点子，就只能止步于现状，停滞不前。在这个过程中，对于收集到的信息进行整理也是重要的一环。信息整理法对于高效开展工作有很大帮助。

第 4 章，流畅顺利地编写资料的写作技巧。一提起写文章就头疼的朋友们，首先要学会的是写作的技巧。正式开始写文章之前，首先要做的是编好目录。在编写目录的阶段,如果不能把文章内容确定下来，那么后面是无法写出大量文字的。

第 5 章，帮助不善言辞的人谈话不冷场的技巧。有些人在聊天时总是为寻找话题而苦恼，总觉得自己不善于聊天。其实善于聊天的人，是指那些会巧妙提问的人。努力成为一个这样的人，让自己不再害怕聊天。

第 6 章，说服对方的技巧。有些人不擅长在人前讲话。其实，只要别总想着“一定要让对方听懂”或在心里念叨着“听我说，听我说啊”，就不会怯场。有一种说服他人的逻辑方法——金字塔结构法，学会了它便不再害怕演讲。

本书中会出现许多“无逻辑君”和“逻辑君”。你将了解到，在不同的情况下，他们分别采取怎样的行事方式，以及这些场合下不该做什么、怎样做才更有逻辑性等。

各位无逻辑君，请不要再浑浑噩噩地虚度时光了。当今的数字时代，如果再不把大脑梳理清楚，可就要变成老古董了。

各位逻辑君，你们本身已经具备了一定的素质，再深入理解一遍逻辑思维和方法，在实际问题的解决上也可以看到成果。

各位超级逻辑君，可以快速阅读，跳过不必要的章节。对自己一直以来无意识地运用的思维方式进行系统的理解，会令你如虎添翼。

本书送给苦恼于“自己明明已经很努力了，却总是得不到表扬”的各位。

2016 年 3 月

西村克己

目录

Contents

PART 3

让身边人刮目相看的思维方式

PART 4

流畅顺利地编写资料的写作技巧

避免被上司批评的思维方式

PART 1

案例01

出差归来的收尾工作——撰写报告书

被上司指出不足、语无伦次的无逻辑君

无逻辑君讨厌出差，更讨厌写出差报告书。因为每次上司读完之后，都会提出各种问题刁难自己，比如“顾客的反应如何”“今后针对顾客的营业工作是怎么计划的”等等。这对于刚出差回来、累到半死的无逻辑君来说简直是莫大的痛苦，因此他十分讨厌出差。

无逻辑君的牢骚

上司怎么老问这些鸡毛蒜皮的事情？真讨厌！

这个讨厌的上司，就爱挑毛病，真烦人，问那么多细节根本就没必要，况且我从出差之前就一直胃疼……赶快让这个上司调走吧，烦死了！

事先做好准备、受到上司表扬的逻辑君

逻辑君所在的公司也要求出差回来之后提交报告书。确定要出差之后，逻辑君就把此次出差的目标提前记在笔记本上，在出差过程中，就已经准备好了报告书需要的资料。

出差回来之后，逻辑君在写报告书之前，首先会重新确认一遍事先记下的出差目标，再仔细想一想上司要了解哪些具体信息，并随手把想到的事情记下来。为了防止漏掉必要的信息，逻辑君还会为报告书编写一份目录。以上准备工作全部完成之后，才开始编写报告书的正式内容。上司看了这样的报告，称赞逻辑君此次出差收获不小。

逻辑君的主张：受到表扬，是因为预先整理了上司可能会指出的问题。

对于任何事情来说，确定目标都是最重要的。目标确定之后，还须对接下来要做的调查、收集的信息进行整理，确保其中没有重复和遗漏，尤其是上司想要了解的信息。如果整理的时候忘记了，到时一定会被指摘。为了避免这样的错误，要事先调查好上司需要的信息，做到不留死角，这是有效避免遭到上司批评的诀窍。

实现目标的第一步：用 MECE 式思考把握整体

无逻辑君之所以会被上司批评，是因为他写的报告书中遗漏了必要的信息。怎样才能避免这种情况发生呢？首先要了解 MECE 这一概念。MECE 是指没有遗漏和重复的状态。出现“遗漏”，就意味着产生了死角。例如，在做一件事时，只考虑好处，而忘记防范风险，这样很可能会造成未曾预想到的失误。

另一方面，“重复”会导致做无用功，造成混乱状态。举例来说明：如果东京分店和横滨分店同时负责川崎地区的业务，那么作为顾客，并不知道该听哪家店的，并且，营业所也要负担双倍的营业费用，甚至不同的营业所之间还会产生矛盾。这对于整个公司来说，会造成极大的混乱。

做任何工作，都要先明确目标。上文中营业所的案例，其眼下的解决方法就是，明确东京和横滨两家分店各自的营业范围，做到各个营业所负责的区域没有遗漏和重复。

◆ 实现 MECE 状态后的下一步工作：排序

接下来请思考：各个分店应该将其负责区域中的哪些作为重点？举个例子，东京分店可能会将企业总部云集的 23 区作为重点区域。就像这样，用 MECE 式思考梳理一遍整体之后，接下来要做的便是按照重要程度进行排序。

在可以用数字表示类别的案例中，MECE 是很容易实现的。比如市场分类的方法之一，便是按照年龄段来划分，年龄是一种可以由数字来体现的要素，因此分类工作简单易行。而在分类标准不能通过数字体现的情况下，如何实现 MECE 状态呢？这就需要再动动脑筋了。培养全局意识的重点在于，从日常开始培养用 MECE 式思维把握全局的习惯。

用MECE式思维培养全局意识

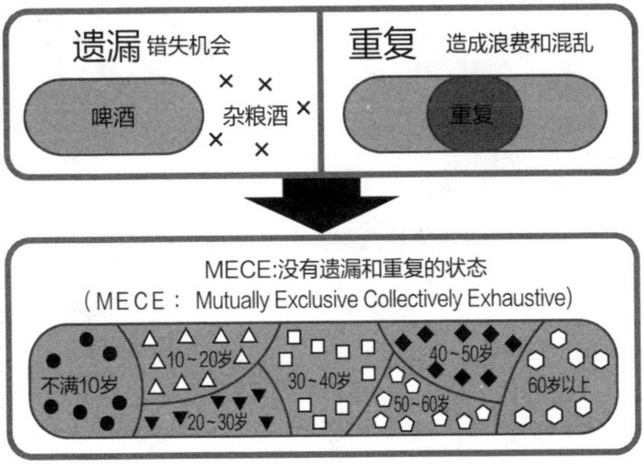

案例 02

组内意见不统一时，怎样表达自己的观点？

只讲A方案的优点，并强烈推荐的无逻辑君

在讨论今后营业方针的会议上，大家众说纷纭，最终锁定了 A 和 B 两个方案。

无逻辑君心中坚定地认为非 A 方案不可。为了说服大家 A 方案是多么出色，他甚至准备了 10 页提案书。结果，他的提案遭到了上司和同事的反对，他们认为无逻辑君的见解“过于偏激”“太过主观、无法认同”。

无逻辑君的牢骚

上司怎么就不理解我的想法呢？真是个榆木脑袋。

A 方案明明很出色，为什么上司就是不肯采纳呢？真是个顽固不化的人。同事们也合起伙来刁难我，太过分了。既然 A 方案不好，那就用 B 方案吧，随便你们，反正跟我也没关系。

先比较两种方案的优缺点，再推荐其中一种的逻辑君

关于今后的营业方针，经会议讨论，最终锁定了 A、B 两个方案。至于哪个方案更好一些，逻辑君将两种方案的优缺点分别进行了对比，缺点中也包含了对潜在风险的分析。首先确定需要进行对比的方面，例如市场规模、经营资源的活用程度、从头开发的难易程度等十个方面，以此为切入点进行对比。

对比结果显示，还是A方案优势更明显，不过B方案也有可取之处。于是，逻辑君将 A 方案稍做改良，之后推荐给大家；同时，对于 B 方案，逻辑君也将其优点整理出来，方便在以后的工作中灵活运用。

逻辑君的主张：只有对比过两种方案的优缺点之后，才能做出客观评价。

再出色的方案也不可能只有优点而没有缺点。忽视缺点，单方面强调优点，自然很难得到赞同。正确的做法是：敢于将优点和缺点同时说明，这样才不会留有死角。将两种方案放在一起进行对比，结合两者的优点，再提出新的方案，这种做法会更容易被采纳。

实现 MECE 的秘诀：正反结合，去除死角

怎样才能做到“没有遗漏和重复”，实现 MECE 状态，从而把握全局呢？这需要我们进行双向思考，也就是把正反两方面结合起来。逻辑君对于优点和缺点进行比较，就是运用了正反结合的思考方式。通过双向思考来去除死角的代表性的例子有：“内部与外部”“软性和硬性”“正面因素和负面因素”等等。

我们通常只关注眼前的事情，而对自己视线以外的事情漠不关心。比如有的人只关心“这样的产品能不能卖出去”，而不去从销售的角度思考“怎样才能卖出去”“这样能挣到钱吗”等问题。实际上，为了摆脱这种狭隘的思维方式，应当从制造和销售这两个不同的视角来思考，从而拓宽视野。

双向思考一遍之后，还需要考虑“有无其他遗漏”的问题。放眼于“目前考虑的事情之外”的广阔世界，才更容易发现遗漏和死角。

逆向思考，开阔视野

复眼思考，是指从两个角度来思考问题。从完全相反的两方面来

考虑问题的复眼思考方式，能够非常有效地帮助我们开阔视野。例如，在过去的啤酒市场，竞争非常激烈。当薄利多销的战术已经不再奏效时，人们便转换角度，开始思考销售高档啤酒的战略。这样，即便定价高，也不愁没有销路。瞄准喜爱美味而高价的啤酒的顾客群，同时赠送高档啤酒，以迎合市场需求，该战略最终获得了成功。

逆向思考，关注存在死角的问题，这样能够帮助我们开发出更多资源。

MECE的秘诀在于“双向思考”和“广泛思考”

案例 03

上司突然来征求意见，该如何应对？

虽然提出了明确的方针，却依然无法说服对方的无逻辑君

上司每次来征求意见，都会让无逻辑君头疼一番。比如，前几天上司问无逻辑君："你觉得，要提高销售额，应该走高价路线还是低价路线？"一开始，无逻辑君给出的答案是："应当降低售价，薄利多销。"上司又追问："为什么呢？"听了这话，无逻辑君顿时语无伦次，很快又改变了主意："要不涨价试试？"这下，上司更着急了。

无逻辑君的牢骚

上司要求我马上就给出一个明确的答案，这未免有些强人所难吧！

我本来就不适合做参谋。既然上司问我"应该涨价还是降价"，我也给出了回答，这难道还不够吗？干吗非要继续逼问我不可呢？上司真是太难相处了，他肯定也不喜欢我这个人。

提出多种方案，推荐其中之一的逻辑君

上司经常向逻辑君征求意见。有一天，上司问他："你觉得想要提高销售额，是走高价路线好还是低价路线好？"逻辑君给出了三份方案，并分别予以说明："我想到三种方案。第一种是高价路线，它的优点和缺点分别如下……第二种是低价路线；第三种是高价商品和低价商品同时发售，让高收入者和低收入者同时成为我们的目标对象。"

逻辑君最后总结道："我个人推荐第三种方案。"

逻辑君的主张：替代方案可以帮助我们找到更好的解决方法。

上司向自己征求意见时，逻辑君首先罗列出三种方案：积极的 A 方案、消极的 B 方案、中立的 C 方案。其中，C 方案由于同时具备 A 方案和 B 方案的优点，所以最为出色。如果逻辑君上来就武断地说："我觉得这样做比较好。"那么一定会遭到上司的质问，因为上司自己也正在烦恼。而像逻辑君这样，对三种方案依次进行说明，能够很好地帮助上司理清思绪。

需要牢记的逻辑理论之——从三个方面着手，让MECE的实现变得更简单

◆ 去除死角的简单秘诀：“上中下”组合的思维方式

上节讲到，去除死角有一个简单的秘诀：从正反两个角度来思考，比如“高价与低价”“大和小”这样的对比。如果在此基础上，再加上一个中立的角度，MECE 的完成度会更高。例如，约定俗成的“上中下”“竹松梅”等等。可以说，在任何情况下，“上中下”的组合都是行之有效的。下面请欣赏一位乍看很优秀的评论家是如何讲话的。

主持人：“今年日本经济的形势如何？”

评论家：“我想，日本经济应该会呈上行趋势。不过这需要亚洲的良好经济态势作为支持。如果亚洲经济也低迷的话，日本的经济大概会一路下行吧。不过，大家放心吧，如果美国经济能像现在这样一直保持上升的话，日本经济也会保持平稳的。”

该评论家的话乍一听貌似挺有道理，但实际上并没有给出明确的结论。仔细想想，他的意思其实是：在“上中下”的三种选择之中，“总有一种是对的吧”。不过话又说回来，这种“上中下”结合的方式确实很好用，不妨也试试看。

◆ 提出三种替代方案，用以开拓思路

其实，逻辑君提出的“积极方案、中立方案、消极方案”便可以作为参考。

用具体事例来说明：在啤酒市场上，无酒精饮品很受欢迎。除此之外，市面上还有酒精度略高的7度啤酒和苏打水烧酒出售。与此同时，酒精度居中的3度苏打水烧酒，以中间阶层作为销售对象，这种商品在年轻人和女性中很受欢迎。

认为解决途径只有一种的话，往往会拘泥于“做”与“不做”，陷入无谓讨论的僵局。此时，如果公司领导只能想出“高价路线”和“低价路线”这两种方法来提高销售额，那么，能够同时提出三种方案的逻辑君对他来说，一定是个得力助手。

去除死角的简单秘诀：“上中下”组合的思维方式

案例04

在某公司的新产品策划会议上

只关注细节、讲不清整体情况的无逻辑君

上司向无逻辑君征询关于新产品的策划意见。无逻辑君设想了一款新产品，并写了计划书，该产品配备具有划时代意义的全新功能。

然而，上司并不满意，他一边看计划书一边不停地向无逻辑君发问："这个功能对顾客来说有什么用？""这款产品的目标对象究竟是谁？""你对于制造成本和销售价格是怎么设想的？"结果很遗憾，无逻辑君的提案没有通过。

无逻辑君的牢骚

为了这份提案，我花费了多少心血，为什么没人能理解呢?

这款新产品可是具备划时代意义的新功能啊,为什么不能理解呢?难道就不能动动脑、仔细听听我的话吗？对于这些新功能，我本来是满怀自信的，原以为肯定能通过。上司怎么就是不明白我的想法呢?算了吧，我已经懒得干了。

先说明整体情况，再详细解释的逻辑君

在着手设计新产品之前，逻辑君先充分进行了市场调查。除了调查顾客需求、收集所需的数据，逻辑君还整理了公司目前已有的信息，这减轻了市场调查的负担。同时，关于“以哪一类顾客作为目标群体？”“销售价格定在多少？”“月销售目标设置为多少？”等问题，逻辑君也有了大致的设想。在此基础上，又做了三份关于新产品的方案。

对于每份方案，逻辑君都有着十足的信心。向上司汇报过之后，逻辑君又结合上司针对这三份方案给出的意见，重新整理了一份最佳方案。

逻辑君的主张：对新计划进行解说之前，要先说明相关的背景信息。

如果事先没有把握好整体情况，在解说时，不但自己毫无头绪，对方也会觉得越来越混乱。开发一款新产品，不能只考虑到产品本身，销售战略、生产成本等因素同样很重要。因此，为了使提案顺利通过，在汇报之前，应该事先准备一些让人看了就能对整体情况一目了然的资料。有了这些资料作为辅助，对方就很容易理解整体情况了。

需要牢记的逻辑理论之——从宏观到微观，培养全局观念

先说明整体情况，再解释具体细节

我们很容易走入的一个误区是：一味地阐述具体细节，而疏忽了对整体情况的说明。就像案例中的无逻辑君，在介绍新产品计划的时候，他始终只围绕着具有“出色功能”的新产品本身侃侃而谈。

先确定目标，再开始其他工作，这是最基本的要求。这是因为，目标不同，对于整体情况的理解也会有所不同。举个例子，一个考虑到全公司整体安排的人，和一个只考虑部门内部事情的人，他们对于整体情况的认知是完全不同的。

确定目标之后，首先要从宏观角度进行思考，之后再慢慢从宏观过渡到微观。其中，宏观指事情的整体概况，微观指事情的局部和详情。抛开整体只谈局部的做法，作为听众必然是无法理解的。

在解说一份新计划时，请务必先从整体着手，具体细节可以留到以后再慢慢设计。此外，向对方进行说明的时候，也要先从整体概况开始介绍，之后再讲细节内容。这样一来，听众对于话题的理解程度会有质的飞跃。

时刻注意明确整体和局部的关系

现在，越来越多的公司在开会时采取这样的做法：整个会议的内容只用一张幻灯片来解决，使整体情况一目了然。因此，需要找出最关键的信息，放在幻灯片中，而余下的详细资料，可以根据需要编辑成附页，发给参会人员。

除了会议资料，计划书、报告书等也可以通过这样的方式，编辑成清晰简洁的单页资料发下去，这样可以大大提高听众对于内容的理解程度。作为制作者，需要确认的问题有：是否遗漏了必要的说服材料，各项信息是否整合，整体内容是否得以体现，等等，这样做也是有所裨益的。

从宏观（整体）到微观（局部）来思考

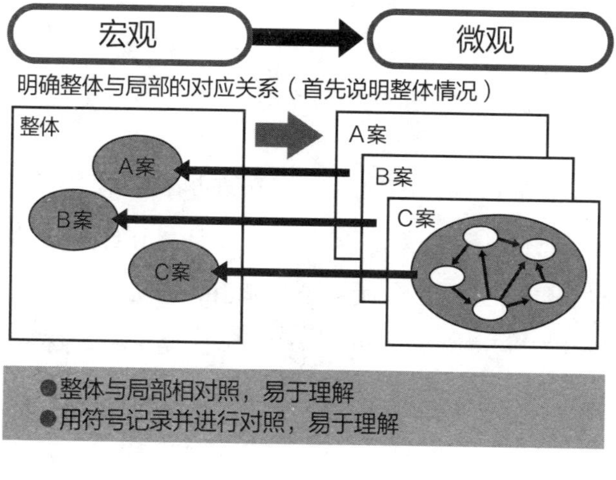

案例05

被上司问到某项工作的进展情况时，该怎样回答？

无逻辑君的回答：正在办着呢

无逻辑君最讨厌上司问自己工作的进展情况。上司每次见到他总会问：“那件事办得怎么样了？”

前些天被上司问到的时候，无逻辑君回答：“正在办着呢。”结果被上司批评道：“连工作进展得怎么样了都讲不清楚，这样怎么能提高效率？”类似的事经常在无逻辑君身上发生，他动不动就被上司责问一番。

无逻辑君的牢骚

上司真是个急性子，放心好了，我正在办着呢。

什么时候到截止日期，我心里有数，能不能别总追着我问啊？虽然我也偶尔有完不成任务的时候，但那都是由不可抗力造成的。有时候，临时被上司找去干杂活，我也没办法，而且电话里根本讲不清楚工作的进展情况……反正上司一跟我说话，我就心烦意乱。

向上司汇报每项工作具体完成时间的逻辑君

上司也经常询问逻辑君的工作进展情况。遇到这种情况，逻辑君会参照事先逐条整理好的工作安排，按顺序一一汇报。例如，①收集信息（2 小时）；②整理问题点（2 小时）；③制定方针（1 小时）；④编制具体方案（2 小时）；⑤编写报告书（3 小时）。按照顺序把工作进展情况逐条编写成笔记,并在必要的地方标注时间。被上司问到“工作进展得怎么样了”的时候，按照笔记汇报即可。在已经完成的项目上打钩标明，这样，进展情况便一目了然。上司也觉得，可以把工作放心交给逻辑君，慢慢地也不怎么问进展情况了。

逻辑君的主张: 把工作进展情况按步骤记下来，管理起来很方便。

其实，对每项工作逐条记录，进行进度管理，并不只是为了让上司放心，更重要的是为了自己能够更好地把控工作情况，为了了解“怎样才能提高工作效率”“目前进行到哪一步了”“还有多少工作没完成”等具体问题和情况。按进度把工作逐一分解开来，这样能够更清晰地把握工作的具体内容。再标记上预测时间，就能很方便地预估工作完成所需时间了。

需要牢记的逻辑理论之——按照顺序进行思考的“过程思考法”

按照步骤与时间顺序来思考，达到 MECE 状态

前面讲到，实现“不留遗漏和死角”的 MECE 状态需要正反结合来思考。下面介绍另一种方法：按照步骤与时间顺序来整理信息。沿着“过去、现在、未来”的时间顺序，最终实现 MECE 的状态。

按照步骤与时间顺序来整理信息的方式被称为“过程思考法”。这种方法有助于提高工作效率，还能防止遗漏重要事项。通用的过程思考法，即像逻辑君那样，用数字标明“第一步、第二步、第三步”。一般情况下，分为三到五个阶段的做法比较常见。

例如，编写计划书并获得批准，完成这一系列工作的同时，还需要进行收集信息的工作。那么，不妨试试按下面的步骤来做：第一步，确定主题；第二步，收集信息；第三步，编写计划概要；第四步，编写计划书；第五步，计划书的汇报和批准。按照步骤与时间顺序来划分，能让每一步工作看起来更清晰。

规划好标准时间

日程管理的达人们对于“标准时间”有着明确的计划。标准时间的定义是：完成某项工作所需要的时间。例如：在 2 小时之内编写 5 页报告书，类似这样对于自身工作时间的规划都属于“标准时间”。

一开始，对于标准时间的精确程度无须过分关注，因为次数多了，预测的精确度自然会越来越高。具体过程如下：首先，预测完成某项工作需要多长时间；真正做起来发现，实际情况和预测有所差距；下一次再做同样的工作，精确度有所提升。规划好标准时间的第一步，就是预先设定一个所需的时间。

按照步骤与时间顺序来思考，实现MECE

案例 06

怎样开始一项新的工作?

先设想好所有细节，之后又大量修改的无逻辑君

无逻辑君所在的材料部门一向重视业务处理的高效化。部门近期的任务是，需要在一年之后将现在的 20 人减员至 10 人。无逻辑君作为项目管理者，需要配合推进这次改革，但他一时间想不出解决问题的方法。在征求了大家的意见之后，无逻辑君选取了一份看上去还不错的方案，并执意推行。但裁减 10 个人的目标有些艰巨，仅凭这份方案很难实现。无逻辑君束手无策，陷入了深深的苦恼。

无逻辑君的牢骚

我根本不知道该从何下手……

裁掉一半的员工，这根本就是无稽之谈，即使采用最靠谱的方案也得花一年多的时间。话说，当初我被选为领导已经是靠运气了，反正这个任务我是无论如何也完不成的，还是早早向本部长诉苦吧，要不干脆放弃算了。

先确定改革方针，再考虑具体方案的逻辑君

逻辑君也遇到了同样的问题，那么，他是怎样处理的呢？首先，逻辑君通过分析各个工种的业务量了解到：订货、库存管理、经营处理这几项业务需要占用一大半时间。这就需要在信息系统方面进行彻底改革，例如：引进自动材料采购系统，这样就可以裁减掉订货和库管人员。

逻辑君认为，在编写根本性改革方案之前，首先要有一个整体构想。他的做法是，将改革后的基本方针确定为：引进新式信息系统，实现材料采购业务的自动化，之后再编写改革计划书，并开展了关于预算方面的交涉。

逻辑君的主张：整体构想和基本方针对于改革至关重要！

对于一次改革来说，整体构想和基本方针是极其重要的。美国人把关于改革的整体构想称为“宏伟计划（grand design）”，把基本方针称为“宗旨（concept）”。但这些词汇在日本尚未普及。那么，这次的改革也应当从整体构想入手。

需要牢记的逻辑理论之——开展新任务的必经阶段：计划—设计—实施

开展工作的基本要义

像逻辑君这样，从整体构想的制定入手，采取从宏观到微观的方法，能够有效提高工作效率。用具体的工作步骤来解释，即“概要—详情—具体化”或“计划—设计—实施”。

在“计划”步骤，需要做的工作是编写计划书。计划书中必须要有的内容包括以下两点：①明确整体构想；②起草宗旨。具体到产品开发中，“计划”是指新产品概念的起草和规格说明书。下一步的“设计”，是指具体的实行计划，如推进计划书。最后一步“实施”是指基于实行计划的实施过程。具体到产品开发中，是指完成从零部件采购、样品开发，直到最终加入生产体系中的一系列准备工作。

阶段划分可以作为开展工作的通用方法之一。而具体到某个项目，可进一步划分为“计划—基本设计—详细设计—采购制造—导入运用”这五个阶段。

切忌一上来就做详细设计和局部工作

以产品开发为例来思考。如果上来就投入详细设计的话，的确能在一定程度上对旧产品加以改良，例如：增强手机拍摄的画质，稍稍减轻手机的重量，等等。但这样做存在一个很大的弊端——无法从根源上转变思想。说得形象一点，即无法实现“从本土手机到智能手机”的质的飞跃。

转变思想要从计划阶段开始。如果一上来就做详细设计或者局部工作的话，只能做到改良的程度，而无法实现改革的目标，这样只不过是在维持现状罢了。

从宏观到微观的应用

“计划—设计—实施”“概要—详情—具体化”

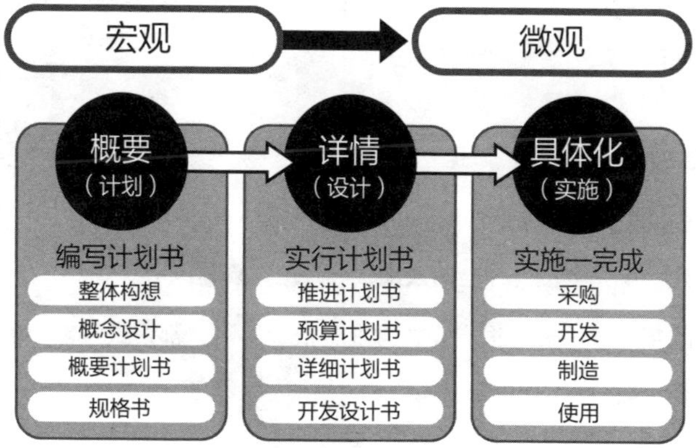

案例 07

怎样以领导的身份推进改革？

不知从何下手的无逻辑君

无逻辑君负责材料部门的人员精简项目。与本部长商讨之后，确定以“引进新式信息系统，实现材料采购业务自动化”为改革的中心，材料部门人员减半的目标不做更改。可是即便如此，无逻辑君还是不知该从何下手，始终一头雾水。而此时，新的材料采购管理信息系统已经开始运行了。照这样下去，即便引进新式信息系统，处理速度的提高程度也相当有限。

无逻辑君的牢骚

让一个完全没有经验的人来领导改革，真是闹心。

改革改革，理想很丰满，可现实很骨感啊。都说最终能实现人员减半的目标，但把这样重大的任务交给我一个完全没有改革经验的人，我也只能打着改革的旗号瞎折腾罢了。不管怎么努力都无济于事，还不如交给别的公司去做呢，反正我是没辙了。

先确定基本方针，再规划具体细节的逻辑君

如果逻辑君是裁员项目的负责人，他会怎么做呢？为了完成这项看似很难的任务，逻辑君首先确立了关于改革的三个基本方针（concept）。之前，通过分析业务量我们已经了解到：用在订货、库存管理、经营处理这三个环节上的时间占据了全部耗时的一半以上。

基于上述现象，逻辑君确定了改革的三项基本方针：①库存管理和必要材料的“一元化管理”；②根据生产计划推算材料的需求量，通过“自动订货”的方式补充库存；③推行“少纸化”，大幅减少单据核对环节的业务量。以上方针获得了本部长的认可，改革自此拉开帷幕。

逻辑君的主张：从三个角度来确定方针，这样就不会出现大的纰漏。

如果大家觉得基本方针“听起来不错”，或者“听完之后能大致了解改革的方向”，就说明这个方针是切实可行的。严格挑选出关于改革的三个关键词便足矣。借助互联网，可以轻而易举地实现信息的一元化管理和少纸化政策。当大部分业务都实现了自动化，只有核查工作需要人工来做的时候，裁员就变得容易多了。

把整体分成 3 ~ 4 个大类来把握

Framework 思维方式，能够有效地实现从宏观思考到微观思考的过渡。这里的 Framework 可直译为“框架”，这种思维方式有助于全局观念的培养。

逻辑君在本次改革中提出的“一元化管理”“自动订货”“少纸化”等概念，都可以归为框架的范畴。

所谓“框架”，即把整体分成 3 ~ 4 个大类，从而确保 MECE 状态的配置方式。举例来说，人类生存的基本保障中最重要的“衣食住”，其实就是框架的一种；此外，“东西南北”四个方位、“春夏秋冬”四个季节、“陆海空”三种防卫手段，都可以被称为框架。还有，柔道的精髓——“心技体”也是框架的一种。可以说，在日常生活中，我们每天要接触各种各样的框架。用框架的观点来理解所谓的“宗旨(基本方针)”，能够更好地把握全局。比如，一直以“美味、迅速、实惠”而闻名的吉野家，近年来在牛肉火锅方面加大了投入，并强调“美味、实惠、慢用”的概念。

◆ 关于框架

经营战略中有一个“3C 框架”的概念，它指的是 Customer（顾客）、Competitor（竞争）、Company（公司）。市场销售中的“4P 框架”是指：Product（产品）、Price（价格）、Place（销售渠道）、Promotion（促销）。在过去，支撑日本制造业的“QCD”是指：Quality（质量）、Cost（成本）、Delivery（交货期）。还有日语中的谐音“5S”——整理（Seiri）、整顿（Seiton）、清扫（Seisou）、清洁（Seiketsu）、纪律（Shitsuke），也已经作为工厂作业的框架之一固定下来。

刚刚接触框架式思维方法的时候，可能会不太适应。此时，不妨先参考业已形成的框架，这也不失为一个巧妙的方法。

Framework（框架）让整体结构变得更鲜明

***注意：要保持MECE状态**

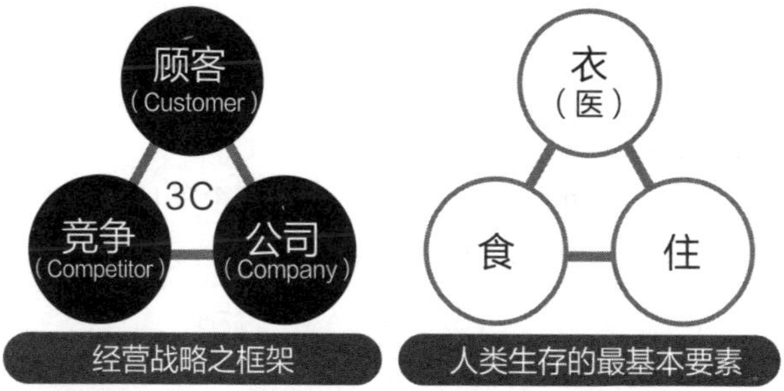

●框架式思维，用MECE把握整体的思考方式
●框架式思维，通过3~5个要素了解整体情况

案例08

接到提高利润的任务后，营业部门该做什么？

尝试高价战术的无逻辑君

身为营业部长的无逻辑君，最近接到了提高营业利润的任务。从前，只要保证每个月的销售额有所增长，就能完成销售目标；然而三个月之后的新销售目标变成了力求实现利润额的最大化。无逻辑君认为，在保持销售数量不变的情况下，只要把售价稍稍提高一点，就能实现利润的增加，于是下令营业部门不准降价。可这样一来，销售额反而大幅下降，利润比以前也减少了一半。

无逻辑君的牢骚

涨价是为了更高的利润，结果产品反倒卖不动了。

只靠营业部门单方面的努力，利润根本不可能增长。一直以来，我们的产品都是依靠低价战略才能卖出去。可是一旦降价，必然会导致每件产品的利润减少，那么营业利润自然也会随之减少。所以我不得不这样做，这也是为了保证一定的营业额啊……

针对销售价格、营业经费等问题分别制定对策的逻辑君

逻辑君接到了一项任务：在三个月时间内，实现利润最大化。关于这个问题，逻辑君从整个公司的角度出发进行了思考。最终，他整理出五个要点，分别是：提高售价（不轻易降价）、提高销量、销售高利润产品、降低采购价格、降低营业支出。

其中，针对价格和销量，整个营业部门一直在不懈努力。因此，本次改革的主要着眼点为“销售高利润产品”和“降低营业支出”两方面。而为了降低采购价格，逻辑君向采购部门寻求帮助，对其提出了降低采购成本的目标。

逻辑君的主张：这是因为“利润 = 收入 - 费用”“营业额 = 销售单价 × 数量”。

“利润 = 收入 - 费用”，这一关系决定，如果想让利润有所增长，就需要提高销售额，同时减少费用支出。而“营业额 = 销售单价 × 数量”则告诉我们，单价和数量的增加，也对应着营业额的增长。因此，绝不能随随便便地降价，同时要以高价销售那些高利润的产品。减少营业经费的开支，对于实现费用减缩的目标是十分有效的。把改革问题作为一个整体来思考，并寻找对策，这种思路是至关重要的。

需要牢记的逻辑理论之——信息梳理的王道：逻辑树分析法

◆ 清晰地展示出整体与部分之间关系的信息整理法

与束手无策的无逻辑君相比，逻辑君的优势在于，他首先明确了需要做的事情。逻辑君用来梳理事态的方法，被称为“逻辑树分析法”，也就是在确保大小关系、因果关系的前提下，绘制一棵“逻辑之树”。下面用逻辑君的事例来具体解释：利润的增长，需要通过提升营业额和缩减费用来完成；那么，接下来要考虑的问题就是，如何提升营业额同时缩减费用的问题。逻辑君的这种思维过程，正是运用逻辑树分析法的体现。

提到分类，很多人会想到按照大、中、小的标准来进行划分。逻辑树分析法也不例外，可以按常规分为大中小三个层级。其中，各个层级可以用数字标示为：第一层级（大分类）、第二层级（中分类）、第三层级（小分类）。

本书的目录编写也用到了逻辑树分析法。第一层级为分章，第二层级为大标题，第三层级为小标题。此外，还要检查内容是否达到了MECE 状态。

用逻辑树分析法来梳理大脑

无逻辑君们总是等不及理清信息与信息之间的因果关系、大小关系，就草率地开启了记忆过程，而这会导致记忆的容量减少，并且也无法做到在需要的时候迅速提取记忆。思维不清晰的人，往往大脑也很混乱。比如公私混淆的人，总会把公司的事和自己的事混为一谈。

理清信息之间的因果关系和大小关系，并时刻留意是否达到了MECE 状态，这是很重要的，可以帮助我们增强记忆力，并提高唤起记忆的速度。

逻辑树分析法是指在实现MECE的分层级整理信息的方法

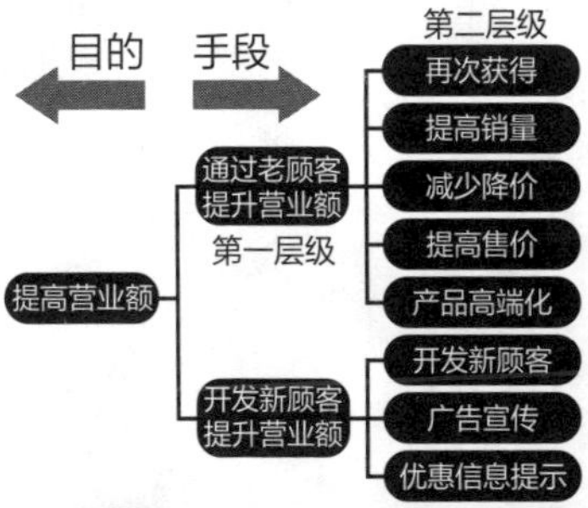

主要课题：提升营业额

第一层级	第二层级
通过老顾客提升营业额	再次获得
	提高销量
	减少降价
	提高售价
	产品高端化
开发新顾客提升营业额	开发新顾客
	广告宣传
	优惠信息提示

适用场合

- 系统梳理公司和事业课题时
- 梳理信息之间大小关系、因果关系时
- 整理大量信息，依据大小关系分层

科学安排时间，避免无意义的加班

PART 2

案例 09

忙忙碌碌中你认真准备会议资料了吗？

不理解提前准备资料的意义的无逻辑君

无逻辑君最讨厌的事情就是开会，因为开会就意味着工作量的增加，其中，最麻烦的要数准备会议资料。例如，收集市场数据并做成表格，编写两到三个改善方案，等等。参会的其他人都会认真准备资料，而无逻辑君从来不做。由于他的原因，会议时间经常被迫延长。

无逻辑君的牢骚

为什么非要提前准备会议资料不可呢？

为什么一定要在开会之前就把资料准备好呢？多浪费时间啊！难得开一次会，到时候直接在现场讨论，这不更方便大家理解吗？

理解事先准备资料的必要性的逻辑君

逻辑君经常参加各种会议。开会虽然有些麻烦，但每一次都有明确的目标和意义，所以不能缺席。

逻辑君也经常需要提前准备下一次会议所需的资料，有时甚至要花费半天以上的时间来准备，但他每次都认真地完成。逻辑君参加的每一次会议都能顺利进行，因为有了提前准备好的资料，所以可以节省从头开始讨论的时间。会议基本上都能控制在一小时之内，而且经常提早结束。

逻辑君的主张：开会也需要支出人力成本，提前准备好资料可以节省时间。

会议也是需要支出人力成本的。1 个人的时薪是 2000 日元，10 个人开 2 小时会就要支出 40000 日元。如果提前做好准备，在 1 小时之内开完会，就可以减少 20000 日元的支出。对于整个公司来说，这笔钱可能不算什么，但有个道理叫作积少成多……所以一定要从自身做起，节省每一笔开支。

需要牢记的逻辑理论之——打好提前量，今日准备明日事

如果提前做好准备，一天的工作就会顺利许多

无逻辑君之所以总是忙得团团转，是因为他从来不愿为明天的事浪费今天的时间。如果在做手头的工作时提前考虑到今后的事情，就不会出现到时毫无头绪的麻烦。提前做好准备，对于工作大有裨益，比如可以缩短会议时长。

关于开会，无逻辑君认为，只要大家在会上讨论讨论就足够了，不必整理成系统的资料。而实际上，整理资料应该在开会以外的时间完成，比如提前制订好方案，再拿到会议上讨论。在开会之前提前整理好调查数据，这样能更充分有效地利用时间。

提前准备的作用不仅体现在开会上，也能帮助我们的工作进展更顺利。但凡每天忙忙碌碌的人，一定是因为没有做好事前准备。如果能够考虑到未来的事情，提早做准备，工作起来会更顺利。只有顺利完成当天的工作，之后才能乐得悠闲。因此，为了实现工作的良性循环，应当着眼于未来，早做准备。

◆ 提前准备，减少一天当中的麻烦

提前做准备，能够帮助我们早早发现拖慢进度的障碍，于是早做安排，并提前寻求帮助，这样就不会事到临头变得慌慌张张。

提前动手，并计划好完成这项工作需要的时间。如果事先知道一项工作需要 15 个小时的话，那么就可以提前留出至少两天的时间来完成，否则就会超期。反过来讲，如果到了截止日期的前一天才发现，这项工作居然需要 15 个小时才能完成，那肯定来不及了。提前做好准备，才能保证工作顺利进展。同时，也要提前意识到留出充足时间的必要性。

充分利用今天的时间，为明天的工作做准备

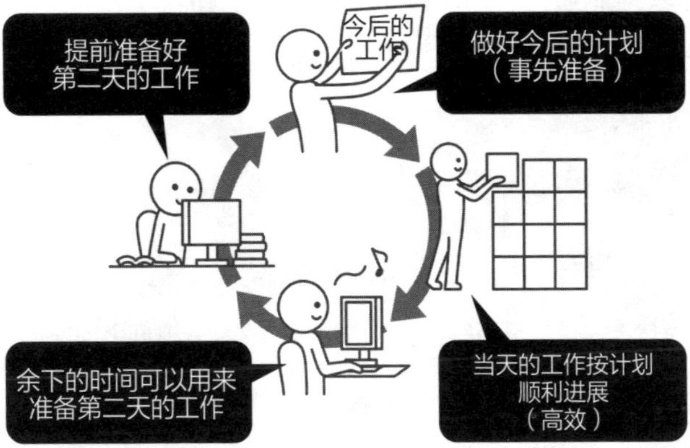

案例 10

手头已经有一大堆工作的时候，又接到了新任务该怎么办？

手忙脚乱、应接不暇的无逻辑君

无逻辑君一直无法摆脱加班的魔咒，因为每天总是有堆积如山的工作必须要做完。前些天，上司问他：“今天要交的报告书怎么还没写完？”无逻辑君回答道：“现在才下午 5 点，距离夜里 12 点不是还有 7 个小时吗？”上司怒道：“看来你是真的不开窍啊！至少要按时交上来吧！”无逻辑君每天如此，他的手头永远都有做不完的工作。

无逻辑君的牢骚

为什么就我一个人有干不完的活儿呢？

虽然上司说尽早提交，但是，只要能在截止时间之前交上去不就行了吗？还是按照自己的节奏来会轻松一些。可为什么到了最后关头，还是有那么多工作完不成？真头疼，越忙越乱了。

时间充裕、应对自如的逻辑君

逻辑君每天也有很多工作要做，但他从来不会拖到最后一刻才完成，而是在截止日期之前就早早提交。所以，即使临时来了新任务，逻辑君也能轻松应对。

实际上，逻辑君的工作量并不比其他人少。因为他一边计划一边动手，并且早早就开始准备，所以中途遇到的麻烦会少一些。比如，对于需要团队合作的工作，逻辑君会提前把任务安排给同事，让他们也能尽早开始做。

逻辑君的主张：根据工作的重要程度和紧急程度来安排先后顺序。

一边计划一边工作，这样可以争取到更多的自由时间。我一般会根据每项工作的重要程度和紧急程度来安排动手的先后顺序。如果拖到最后，所有的工作都变成既重要又紧急的那就麻烦了。为了避免这种情况，我会先做那些虽然重要，但不那么紧急的工作，这样不至于弄得太紧张。

需要牢记的逻辑理论之——根据工作的重要程度和紧急程度来安排先后顺序

◆ 理清眼下要做的事情，创造自由时间

无逻辑君每天都马不停蹄，是因为他一直在做那些既重要又紧急的工作。如果手头的工作虽然重要但不那么紧急，就能自由一些。这体现了根据优先级给每项工作排序的重要性。优先顺序，包括重要程度和紧急程度，排序的时候要以这两点为标准。

首先让我们来思考关于“重要程度”的问题：“重要且紧急”的工作，需要集中精力，认真而迅速地完成。“重要但不紧急”的工作，因为有一定的缓冲时间，可以安下心来认真去做，需要“提早准备”的就是这一类工作。“不重要但紧急”的工作，多数都需要在短时间内完成，例如需要马上提交的公司内部文件和邮件的处理，这些工作可以在开会或是调整心情的时候去做。“不重要也不紧急”的工作，可以暂时搁置，先不去管它。

◆ 需要立刻完成的工作有哪些?

如果有太多“重要而紧急”的工作，无奈只能偷工减料、突击完成，

那么工作质量一定会下降，之后还得修改，反而占用了可以自由支配的时间。

因此，为了保证工作质量，一定要先利用今天的时间来做那些“重要但不紧急”的工作，把明天的时间留出来。所以，果断放弃那些不重要的工作，今天就先来完成那些“重要但不紧急”的工作吧！

依据工作的重要性和紧急性来排序

	紧急 （今明两天之内完成）	非紧急 （截止日期还早）
重要	（随着右上角工作数量增加而减少） ●需要立刻完成的工作 ●临近截止日期的重要工作	（先发制胜） ●事先准备 ●在截止日期之前完成 ●防止再次发生的根本对策
不重要	（利用零散时间） ●需要马上提交的文件 ●邮件处理	（暂且搁置） ●没有成效的工作 ●性价比低的工作

●先做右上角“重要但不紧急”的工作
●右上角“重要但不紧急”的工作越多，“紧急”的工作就越少

（摘自《七个习惯》）

案例 11

怎样才能提高工作效率？

每天被上司催促的无逻辑君

最令无逻辑君头疼的就是与上司交流。每次见面，上司都会问他：“那件事办得怎么样了？什么时候能完成？”如果无逻辑君回答“正在商讨中”，上司就会不满：“我是在问你到底什么时候能做完？”无逻辑君有些不悦：“明天才是截止日，今天就别催我了行吗？”但到了第二天，无逻辑君依然没有完成，只能求上司再多给一天时间。

无逻辑君的牢骚

心里越是想着赶紧动手，反而越没有干劲。

我明明也很努力的嘛，可是上司总在我干劲十足的时候来问“那件事办得怎么样了”，我又不是小孩子。这简直和小时候母亲督促我“好好学习去”一模一样。我很讨厌别人在我想要好好干活儿的时候过来指指点点。

早晨第一件事就是书写工作备忘的逻辑君

逻辑君每天到公司之后的第一件事便是查阅邮件，目的有二：第一，及时回复必要的邮件；第二，及时了解今天有哪些新任务要完成。

处理完邮件之后，逻辑君会把必须完成的工作逐条写进 Excel 备忘录中。备忘录记载着待完成的工作，又新增了今天的工作。每完成一项工作，逻辑君都会用记号标示出来。

逻辑君的主张：把要做的事列成清单能够激发干劲。

用 Excel 制作备忘录，用来记录工作十分方便。待完成的工作会保存下来，不必每天都从头再记一遍。此外，按照科学合理的顺序处理工作也很重要。30 分钟之内能搞定的工作要尽早完成，这样手头遗留的任务就会减少。每完成一项任务，就能体会到工作的成就感，从而激发工作的动力。

需要牢记的逻辑理论之——用To Do List列出需要做的事

早晨第一件事：列一份 To Do List

每天早晨要做的第一件事，就是把工作列在一张清单上，这张清单叫作 To Do List。某商业杂志的调查显示，从上司的角度来观察，不做 To Do List 的员工，工作效率大多都很低下。而且，相比于用纸记录，用电子表格来记录的人工作效率更高一些。无逻辑君的工作计划之所以毫无头绪，也是因为他没有养成做 To Do List 的习惯。

在电脑上做一张清单，查找起来十分便捷。如果用 Excel 的话就更方便了。早晨到了公司，先处理完邮件，接下来再编辑你的 To Do List，因为许多新任务都是通过邮件安排的。平时想到什么就先随手写下来，顺序乱一点也无所谓，反正待完成的工作只要不删除就可以一直保留在上面，这正是电子化带给我们的便利。

每增加一项新任务，就把它添加到 To Do List 中；每完成一项工作，也在 To Do List 中标示出来。

确定工作顺序，一项项完成

使用 To Do List 的诀窍有二。

第一，记录工作顺序。先做那些 10 分钟之内能搞定的工作。大部分工作，比如差旅费的报销、公司杂事的处理，用很短的时间就能完成。把这些工作先处理掉，清单上的工作就会减少一部分。

第二，写下完成某项工作的预计时间，也就是做计划。等工作完成之后，再对比一下预计与实际花费时间的误差。对比的意义在于，这样可以逐渐提高预计时间的精确性。

做一个To Do List，用来明确工作的紧急程度以及预计所需时间

完成	顺序	任务内容	紧急程度		所需时间
			今天	明天	
□	6	1. 编写A公司营业计划书		○	4.0
□	9	2. 提交东京出差申请		○	1.0
□	4	3. 录入补充库存的订单	○		0.5
□	2	4. 写给B公司的感谢信	○		0.5
□	1	5. 检查邮件	○		0.3
□	8	6. 编写给C公司的报价单		○	0.5
□	5	7. 联系客户	○		0.2
□	7	8. 准备D公司营业访问		○	3.5
□	10	9. 制作人事评价表		○	1.5
□	3	10. 编写会议记录	○		1.0

●组内共享任务清单（To Do List）
互相帮助；公布要做的事，增强责任感

案例 12

抱着“过会儿再修改”的心态会导致怎样的结果？

最终也没来得及修改、错误百出的无逻辑君

无逻辑君提交给上司的报告书经常被打回来，原因是里面有太多错字漏字的问题。上司还没有全部读完，就要求无逻辑君“拿回去再完善一下，今天下班之前重新交一份给我”。

于是，无逻辑君只好按上司的要求修改一遍，他很不满：“好歹把我的报告看完了再说行吗……”上司不放过任何一处错字和漏字的问题，这使得无逻辑君做其他工作的时候也受到了影响，每天都一脸不悦。

无逻辑君的牢骚

本来想过会儿再修改一下的，但时间不够了。

三天前才勉强写出来的报告书，质量自然是不过关的。当时，无逻辑君想着“稍后再修改一下”，可后来一直在忙别的工作，不知不觉就到了截止日期。其实他并不是故意要偷懒，只是真的没时间修改了。

从头到尾认真书写，交出完美作品的逻辑君

逻辑君的报告中从来没有出现过错别字。他认为，文字的精确度与报告内容都是衡量质量的重要指标。如果文中的错别字太多，会给读者留下“功夫下得不够”“偷工减料”“内容不实”的印象。

同时，逻辑君还保持一个好习惯：每做一项工作，都要从头到尾一气呵成，完成一项任务之后，再开始另一项任务。因为往往心里想着“过会儿再修改”，于是做到一半就停下来，可是过后并不会再修改了。逻辑君告诫自己：接下来还有别的工作要做，没时间检查，所以必须一次性做好。

逻辑君的主张：工作也是某种意义上的一期一会。

把工作看成一期一会的事情，这样便能更好地投入其中。“一期一会”原本是茶道术语，它的含义是“一生中只有一次的事情”，因为一生只有一次机会，所以要全心全意地对待。而工作也是一样，只有一次机会去做，所以绝不能半途而废，要认真对待，并不断完善，直到获得认可为止。

需要牢记的逻辑理论之——“过会儿再修改”的心态会导致工作质量下降

◆ 认真完成每一项工作

试想，总是说“过会儿再检查一遍”的人，其实真正做到的又有几个呢？大多数时候，拖着拖着就变成了“本想再检查一遍，但已经没时间了，暂且这样交上去再说吧”。无逻辑君就是如此，所以他的报告里总是出现错字和漏字的问题。心里想着“过会儿再检查”，但往往最后根本没时间去做，这难免会导致工作质量的下降。

“过会儿再修改”的心理会带来两个问题：第一，做出的是半成品，本身不够完善，过后再修改会导致耗时增加，挤占其他工作的时间。第二，无法体会工作的成就感。一项任务全部完成之后，可以在To Do List上画钩，表示需要做的工作又少了一项。但如果稍后还须修改的话，也就无法体会到这种成就感。一项项完成手头的任务，能够切实感受到工作是在向前进展的，满足感也会得到提升。

◆ 减少手头的工作量

在工作时，要抱着一期一会的心态，而不能有“过会儿再检查”

的想法。错字和漏字会影响工作质量。两份内容相同的报告，其中带有错字和漏字的那一份，一定会输给用字准确的一份。这是因为，错字和漏字会带给人“经不起推敲”“写得不认真”“还差一点火候”的感觉。费尽千辛万苦才完成的方案，一拿出来就被否定了。

认真做完每一项工作，让手中的任务一项项减少。如果手里堆积了太多任务，看不到完成的希望，也就无法体会到成就感，工作热情自然也会减退不少。

不要积攒工作，把能够迅速完成的工作先处理掉

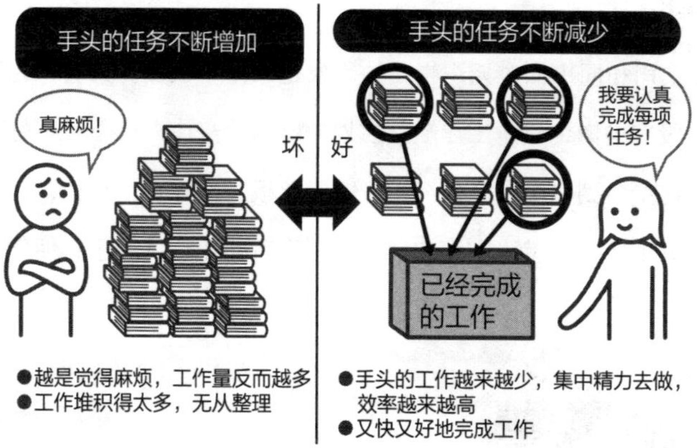

案例⓭

身边的人怎么评价你的工作方法？

被人批评工作时磨磨蹭蹭的无逻辑君

上司和同事们对无逻辑君的印象是工作不认真。其实，无逻辑君并没有偷懒，只是工作缺乏规划，所以给身边人留下了不好的印象。比如，到了下午，他经常盯着天花板，不知在想什么；有时想不出好的点子，就坐在那儿发呆。别人看到他这副样子，便觉得他是在浪费时间。

无逻辑君的牢骚

一直以来我都很努力啊！

我真的在努力工作啊！有时候在工作中遇到瓶颈，确实会自己思考一会儿。但不能看到我这样，就给我贴上不认真干活儿的标签吧，这让人很不爽。我只是按自己的习惯在做事，并不是不努力啊！

被人称赞工作麻利的逻辑君

大家都觉得逻辑君的工作很有规划性。每天一早，逻辑君就干脆利落地处理好每项工作，身边的人都能感受到他的活力四射。

逻辑君每天准时下班，从不磨磨蹭蹭地加班。有的人即便加班，也只是利用这段时间休息罢了。而逻辑君则不同，大家都觉得他加班时的工作状态也很棒。工作结束后，逻辑君一分钟也不耽搁，每天晚上 7 点左右就回家。最近，逻辑君起得比较早，如果哪天晚上他正点下班，一定是因为早晨提前一小时就到公司了。

逻辑君的主张：上午的时间用来全力工作。

“一日之计在于晨”的说法是有道理的。如果上午磨磨蹭蹭，那么一整天的工作效率都会受影响。比如，周末经常睡懒觉到中午，结果一天下来什么都做不成。工作的时候也是一样，上午的工作效率对于下午的工作成果有很大影响。

需要牢记的逻辑理论之——帮助提高工作业绩的一日三分法/一日四分法

一日三分法，规划好一天的工作

这里为大家推荐一种提升工作效率和激情、做好工作规划的方法——一日三分法，即将一天的时间分为早、中、晚三部分。

人类的大脑结构决定，一天之中的上午比较适合进行脑力劳动，比如依靠直觉的工作、做计划、想点子、确定整体方针等工作。这是因为，大脑在上午的运转速度相对较快，处理短时间内能够完成的零碎事务性工作的效率也比较高。

人类大脑中的海马体会在睡眠过程中对大脑中存储的信息进行整理。人在做梦的时候，海马体的记忆从左脑传递到右脑。因此，如果能保证充足的睡眠，海马体在上午会清晰而有条理，即使再复杂的信息也能顺利提取。

到下午时，海马体又积累了一些其他信息，此时，不适合进行复杂的思考、依靠直觉的思考、对于整体的思考等工作，而适合做一些简单的体力劳动。所以，至于下班时间到了是直接回家还是继续加班，最好在上午就计划好。

◆ 早晨留出一段属于自己的自由时间

有些人平日里每天忙得团团转，根本没有自己的时间。下面推荐的一日四分法，可以帮你找回原本属于自己的时间：把钟表调快一小时。前一天早睡一小时，第二天早起一小时，这一个小时可以用来做自己喜欢的事。再加上前面所说的一日三分法，总共把一天分成四个时间段。

无逻辑君的工作之所以缺乏计划性，是因为他没有规划好一天的时间。平时不妨试试把一天时间分为“上午、下午、下班后”三部分的一日三分法，工作起来肯定会比以前有条理；还可以再多给自己留出清晨的一小时，也就是一日四分法。

用“一日三分法”“一日四分法”合理规划一天的时间

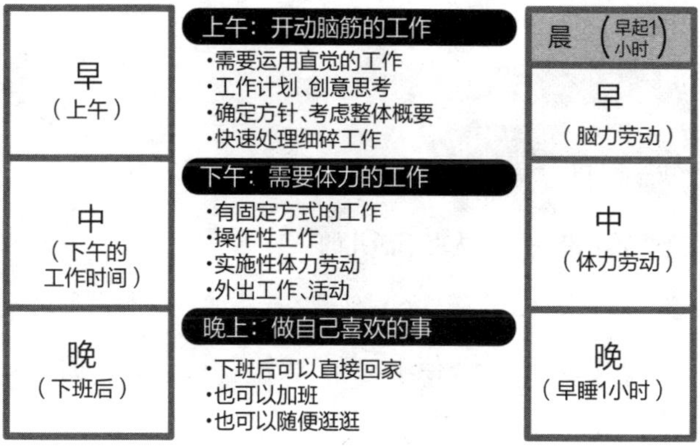

案例 14

身为上司，应该怎样指导部下工作？

让部下去验证能想到的一切改善方案的无逻辑君

无逻辑君领导的采购部门共有 7 名员工。课长每天都催促着无逻辑君，“再改进改进业务”“再降低一点成本”。于是，无逻辑君召集部下们开会，要求每人拿出两个改善方案，并用两周的时间验证自己的方案，之后汇报结果，部下们听了十分无语。两周过去了，果然没有任何进展。

无逻辑君的牢骚

这些部下没一个肯认真干活儿的！

这些部下怎么那么懒！不对他们凶一点就不给我干活儿，干不了两三天又开始偷懒，还不停地抱怨“这个做不了，那个也做不了”，真是一群废物。

认真考虑投资回报比的逻辑君

逻辑君清楚，时间是有限的。而成功的关键在于，如何在有限的时间内最大限度地做出成果。逻辑君身为上司，手下管理着 7 名采购部门的员工。关于改革的问题，他并没有原封不动地采用部下提出的改善方案，而是会充分考虑投资回报。

投资回报是指产出与投入之间的差额。一个好的改善方案，需要同时满足减少投入和提高产出这两个条件。必要的投入，不仅仅指改善经费，还包括人工费中的员工的时间。逻辑君和部下共同商讨了改善方案，针对其中的 2 ~ 3 个方面进行了重点讨论，得到了部下的理解。

逻辑君的主张：工作时间有限，所以要尽最大努力提高效率。

无论何时都要记住，时间是有限的。然而许多管理人员都没有考虑到人工费的支出问题。实际上，最重要的是确定一个既容易实施，回报又丰厚的课题。没有人会做投入 10 万，产出只有 5 万的生意。反过来，如果投入 10 万，能带来 100 万的回报，那么部下们就会更认同这项方案。

需要牢记的逻辑理论之——通过收益矩阵来判断是否实施一项大工程

投入与产出决定了投资回报率的大小

收益，是指通过某种战略收获的成果。收益矩阵体现了投入的资源（input）与获得的利益（output）之间的相互关系。

在收益矩阵中，横轴用来表示投入，纵轴用来表示产出。将实行的难易程度换算成金额来表示投入，将收益的大小换算成金额表示产出。

实施容易，但收益甚微的投资被称为 QW（Quick Win：快速实现），这样的投资需要由现场负责人来判断是否积极推进。实施容易且收益高的投资被称为 BO（Bonus-Opportunity，盈利机会），这样的投资没有人不喜欢。实施困难且收益又少的投资被称为 TW（Time-Waster，浪费时间），这种投资要尽量避免。无逻辑君之所以做不好课题，是因为他没有排除 TW 型的工作。实施困难，但收益也高的投资被称为 SE（Special-Effort，需要努力），不过，如果确实难以实施的话，暂且搁置也罢。

◆ 探究 BO 课题

针对公司目前存在的问题，大家提出了很多业务改革方案，尚待实施的包括成本削减、质量提升等。但时间和预算不允许一项一项地验证。因此，不得不从中选取几个投入小、效果佳的课题重点实施，实现效率最大化。而那些偏离目标、无法带来收益的课题，一定要摒除在外。

海量的课题摆在面前，要做哪个，不做哪个，还是得通过分析收益矩阵，从中挑出 BO 类型的课题，并认真实施。通过少量的投入换取丰硕的成果，会大大提升工作的成就感。

养成排列优先顺序的习惯

收益矩阵

选出投资回报率高的方案的评价标准

	实施容易	实施困难
收益低	○ 快速实现 QW（Quick-Win）	浪费时间 TW（Time-Waster） ×
收益高	◎ 盈利机会 BO（Bonus-Opportunity）	← 创造智慧 需要努力 SE（Special-Effort） △

摘自:《GE式练习》（高桥透、伊东武志译）日经BP社

- 选择实施容易且收益高的课题来执行
- 重点实施BO（盈利机会），避免TW（浪费时间）

注释：日本企业有时候想到什么就做什么，完全不考虑投资回报率，结果白费周章。这是一个不好的习惯。

案例15

管理大型项目的经验

不知该如何开展工作的无逻辑君

无逻辑君熬夜的历史由来已久，他上中学时就经常通宵准备第二天的考试。但到了工作中，这种方法就行不通了：即使熬再多的夜，也发现时间远远不够用；再加上不了解工作进展的规律，在思考时也出现了很多错误。而且，无逻辑君总是习惯临近截止日期才匆匆忙忙地开始准备，时间不够，最终无法按时完成任务。无逻辑君因为不守时和工作质量低下的问题，经常被上司训斥。

无逻辑君的牢骚

有那么多事情要做，已经不知道从何下手了。

我知道按时完成任务的重要性，可实际的工作量比预想的要多得多，最后只能勉强做完。真正开始动手才发现，居然有那么多事情等着我去做，都不知道该从何下手了。其实我本来是干劲满满，也想好好表现的。

扎实推进工作的逻辑君

逻辑君每次接到一项新任务，首先会预测完成所需的时间。有的工作 1 小时之内就能完成，有的则需要花费半天时间。预测的结果不必十分精确，大致符合实际就行。

如果预测一项工作需要花费半天以上的时间，那么逻辑君还会进一步列出工作步骤，一般分为四个步骤，并标明序号，例如：①分析现状；②整理问题点；③查明原因；④编写改善方案。之后，再分别预测每一步需要的时间，例如：第一步，需要 3 小时，这样会更简单一些。

逻辑君的主张：把需要花费半天以上时间的工作分成几个步骤来完成，这样会更顺利一些。

如果把需要花费半天以上时间的工作分成四个步骤，将工作内容具体化，这样工作方法也能变得更清晰，预测时间更加精确。预测出时间后，可以写进自己的日程表，对照自己的空闲时间来安排工作，提早动手，这样能有效避免逾期的问题。

需要牢记的逻辑理论之——再庞大的工作量，只要分解成四步就能顺利开展

耗时再长的工作，只要分成四步，就能顺利开展

纳期（即：交货日、截止日）管理是一项必不可少的工作，但不能随心所欲，因为这样会花费比预计更久的时间，最后完不成任务。不妨试着采用逻辑君的步骤管理法，把工作分成几个步骤来安排进度。

例如，编写计划书的时候，一时间想不出好的方案，这时可以试着分几步来解决。比如分成“收集信息、想出点子、基本方针、编写目录、写成计划书”这几个步骤，以明确大致方向。

一项工作，即便耗时再长，只要分成四步就可以顺利开展。划分步骤也有助于预测每一步所需的时间。例如：收集信息要 4 小时，想出点子要 2 小时，这样，制订计划也更容易一些。如果是 1 ~ 2 小时之内可以完成的工作，此时就可以勾勒出大致的方向了。

步骤的雏形

在划分步骤时，人们会下意识地根据时间顺序来安排。这说明，其实步骤也就是工作的进展顺序。一般来说，通用的步骤有“调查、

计划、设计、实施”等。在调查环节，进行信息的收集，以收集到的信息为依据来制订计划。在计划环节，明确整体目标。在设计环节，确定具体内容。最后，在设计的基础上予以实施。

如果划分了太多的步骤，反而会影响人们对整体的把握。如果多于 5 个步骤，就要考虑考虑，是否可以把其中的两个合二为一。

纳期管理和步骤管理有所区别

将工作大致分为四个步骤

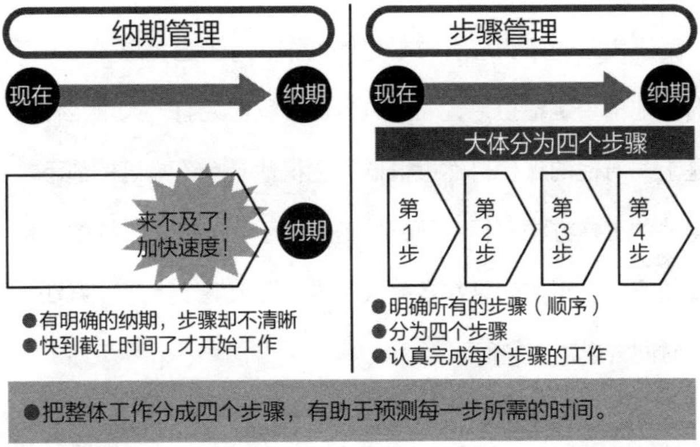

案例16

提高工作效率的秘诀

总是忙得不可开交的无逻辑君

无逻辑君的手头总有做不完的工作，每当上司想要安排新任务给他时，他都委婉地拒绝，理由是自己手里已经有一大堆工作要做了。于是上司对他的评价自然也很低，觉得他是个不靠谱的部下。同事也觉得他的工作方法不得要领，总是纠结于一些无关紧要的事情，找不到简便方法。无逻辑君常常被人劝告，要改善一下工作方法，但他根本没时间去思考该如何改善。

无逻辑君的牢骚

我这样努力地工作，却得不到一句表扬。

为什么总埋怨我一个人呢？我只是太忙了而已。上司也真是的，总拿这些超出能力范围的事情为难我。周围的人也是，还说什么让我改善工作方法，我哪有时间考虑这些问题啊。

即使再忙，也要挤出时间来认真改善工作方法的逻辑君

逻辑君是在听了一场演讲之后改变了原来的想法。演讲内容如下：

想搬家，却没有空房子，那肯定搬不了。不过，只要有一间空房子，就可以由第一家人先搬。第一家人搬完后，他们之前住的房子就空了出来。这时候第二家人就可以搬进第一家人的旧房子里。也就是说，搬家的前提条件是必须有一间空房子。空闲时间也是一样的道理。最开始，哪怕只能腾出来 5% 的时间，也能把工作做得更好。

逻辑君听了想，就当这 5% 的时间是被骗走的好了，可以用这段时间来思考该如何改善工作方法。

逻辑君的主张：万事开头难，先吃苦后享受。

最初，为了确保能够留出 5% 的空余时间，逻辑君在休息日里也要加班两次。不过，在安静的办公室里加班也有好处，逻辑君忽然之间就想到了一个事半功倍的方法。留出空闲时间来思考，改善工作的好方法才能源源不断地涌现，后面的工作也会变得轻松很多。

需要牢记的逻辑理论之——占用一点点空闲时间，收获更多的空闲时间

保证留出 5% 的时间来改善工作方法

像无逻辑君这样的人，没有给自己留出思考的时间，根本不会去想改善工作方法的问题，自然也就无法摆脱低效率的困扰。反之，像逻辑君这样的人，认为目前的工作方法应该加以改善，才能做得更好，从而获得更多的空闲时间。

首先，一定要有主动改善的愿望。如果把自己定位为被迫打工的受害者，那样会对工作越来越厌烦，只想尽快逃脱。如果认为工作是自己的责任，就会主动去思考怎样才能做得更好。

要抱着主动改善的良好心态，并保证留出 5% 的空闲时间。利用这 5% 的时间来改善工作，会收获新的 5% 的空闲时间。能够带来空闲时间的改善方法基本可以分为两类：第一类，提高效率，用更短的时间完成工作；第二类，删除那些浪费时间的不重要的工作。这样，留出 5% 的空闲时间用以改善工作，从而收获更多的空闲时间。

◆ 15% 规则与 30% 规则

以生产便利贴而闻名的 3M 公司有两条规矩：15% 规则和 30% 规则。公司职员的时间，15% 用于新产品开发或业务改革等具有挑战意义的工作，也就是说，每个月拿出三天左右的时间投资给未来。还有一条，过去四年的总营业额中，来自新产品的比率要占到 30% 以上，也就是说 30% 是对于新产品提出的目标。

大家所在的公司，投资给未来发展的时间占了多大的比例呢？我认为至少应该有 5%，而最理想的状态是 15%。大家用于保证目前的营业额，也就是维持现状的工作时间又占了多少呢？

留一点时间思考未来，能够激励我们改善工作方法，

从而收获更多的空闲时间

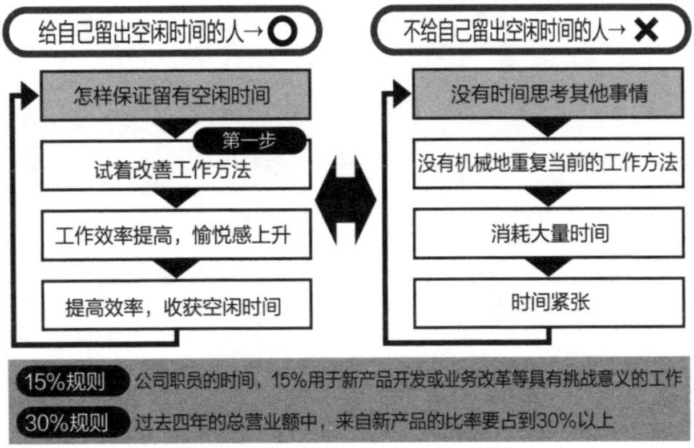

让身边人刮目相看的思维方式

PART 3

案例17

为了提高营业额，召集部下们商讨对策

要求提案者立刻动手做的无逻辑君

当上营业主管后，无逻辑君干劲十足，为了提高工作业绩，他召集部下们商讨怎样才能提高营业额。

无逻辑君让部下们挨个发言，如果有人一时提不出好的建议，他立刻就表现出不耐烦。商讨中，齐藤提出让营业员多跑几趟的想法，无逻辑君听了立刻表态："好，下周之前写一份具体的计划给我。下一个，田中，你有什么想法？"

无逻辑君的牢骚

让出主意的人负责就好。

让提出想法的人来负责，他就不得不亲力亲为。这个主意太棒了，这样做肯定能达成目标。可是，怎么搞的？一周过去了，没有一个人拿出具体的方案，看来明天必须在早会上给他们施加点压力了。

仔细斟酌对比，采用最佳方案的逻辑君

逻辑君当上营业主管已经两年了，为了提高营业额，逻辑君组织全体部下进行讨论。他对部下们说：“希望大家集思广益，共同实现提高营业额的目标。我不会让提案者来负责整个方案的，所以请大家畅所欲言，不要有任何顾虑。”

部下们听了逻辑君的话， 纷纷畅所欲言，提出了很多项方案。最终，锁定了两个最佳方案。第一个方案，重新定义目标顾客群；第二个方案，重新确定目标顾客所需要的商品。针对这两个课题，逻辑君又和部下们共同商议了具体的实施计划。

逻辑君的主张：为了找到最佳方案，在最初阶段要提出尽可能多的方案。

强令部下们在短时间内拿出优秀的方案，结果会适得其反，因为越是施加压力，大脑反而越不给力。另外，如果让出主意的部下来负责的话，他会因为害怕承担责任而在商讨时沉默不语。

恰恰相反，其实应该把重点放在课题本身，并尽量锁定少量的几个方案，专心致志地实施。

需要牢记的逻辑理论之——"发散—聚集"的思考流程，帮助我们活跃思维

先收集到足够的信息，再加以整理

我们经常犯的一个错误是：总是在还没有收集到足够多的信息时，就草率地早早做了决定。比如，在减少办公用品开支的问题上，错误地认为办法只有一个，就是将单面复印改为双面复印。

实际上,除了这个方法,还可以通过减少复印量或其他途径来解决。

在有限的时间内实现工作成果的最大化，需要在最大限度上避免那些没有回报和偏离目标的方案。先收集到足够的信息，之后再进行整理，这是一个"从发散到聚集"的过程。

"发散过程"是将信息和可能性最大化的阶段，在这个阶段要做的事有：收集信息、收集方案、编写代替方案等，是一个扩充选择的过程。"聚集过程"是整理信息的阶段，需要关注重点方案。聚集过程中，可以采用重要度评价和分组的方法，这样会比较方便。此外，还有一点重要的注意事项："聚集"不能突然开始，要循序渐进。

◆ “发散—聚集”的过程帮助我们提升认可度

如果采取偶然想到的方案，可能会错失更优秀的方案。此外，让出主意的人来担当也是荒谬的。如果发言者一个人来承担全部责任的话，就别指望大家能积极发言了。应该像逻辑君那样，首先确认目标，然后大量地收集点子，全部收集到手之后再开始筛选聚集的环节。在聚集阶段，采取重要度评价和分组的方法，选出能够达成目标并且效果好的方案。在会议上通过“发散—聚集”的步骤，共同出谋划策，相关人员对于决策的认可度也会提高。

“发散—聚集”的流程构成了每一次思考过程的基本要素

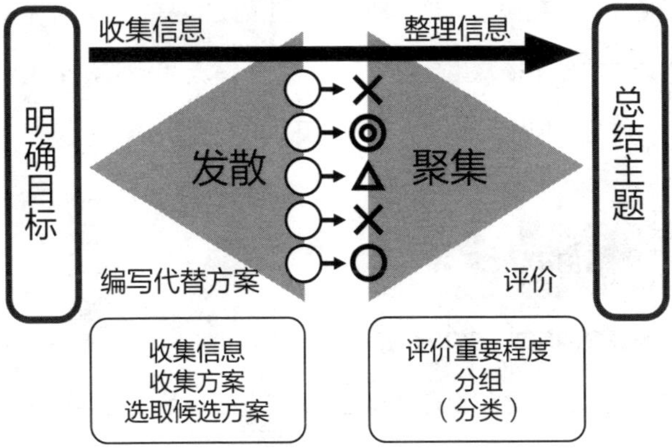

案例18

开会商讨关于革新性新商品计划的问题

强令部下拿出实际方案的无逻辑君

作为商品计划室长的无逻辑君，本期任务是做出一份革新性新商品的计划，并从下一期开始实行。因为之前从未涉足过这个领域，无逻辑君便和部下们一起讨论。部下们提出的方案有些夸张，无逻辑君便斥责道：“能不能拿出现实点的方案！”本想用激将法催生出好的点子，可越是这样做，部下们反而越提不出好的方案。

无逻辑君的牢骚

这帮愚蠢的部下，连一个好点子都想不出来。

虽说这个领域之前没有接触过，但既然了解计划方案，总应该实际一点吧。从某种程度上来说，只有脚踏实地的方案才能奏效，不是吗？可不管我怎么训斥怎么激将，部下们就是想不出好主意，真是发愁。

抛开常识和限制，创新思考的逻辑君

逻辑君领导的商品计划室也接到了新任务——做一份之前从未接触过的领域的商品计划。在全体会议上，逻辑君率先发言，他对部下说："请大家抛开既成观念和常识去思考。这个领域对于我们来说是全新的，所以，无论大家提出什么样的方案都欢迎，夸张也好，不现实也好，只要是为了公司的利益而提出的方案，都值得鼓励。"

逻辑君随后又补充："希望大家都能多欣赏别人提出的方案中好的一面，并给予肯定。"于是，部下们提出了多种多样的方案，虽然有些不切实际，但也有一些趣味横生。

逻辑君的主张：一味催促部下拿出好的方案，反而会让他们失去干劲。

常识和既成观念会限制我们的大脑，停留在业已形成的方案上。如果一味地催促部下必须想出更好的方案，会造成紧张的气氛，导致大家在会议上都不敢发言。同理，对发言的内容予以批评，也只会导致方案越来越少。聪明的管理者会在部下阐述想法时表示欣赏，并且不受既成观念的束缚。只有兼容并蓄，尽可能多地采纳意见，才能最终拿出优秀的方案。

需要牢记的逻辑理论之——从零开始思考，有效帮助发散

打破现状的有效方法：抛开既成观点和常识来思考

其实，我们在日常生活中一直无意识地受着既成观念和常识的束缚。当然，这并不是一件坏事，只是在遇到瓶颈时会想不出解决方法。一直被既成观念和常识束缚的人只能想到普通的方法。对此，行之有效的解决方法是：从零开始思考，也就是抛开一切既成观念和常识。

本书 73 页中提到了“发散—聚集”的思考过程。从零开始思考，有利于帮助“发散”。那么，一定要避免的做法是：批评部下提出的方案。因为“批评”属于对重要程度的判断，是评价的一种，是“聚集”的行为。在“发散”的场合，像无逻辑君那样，要求部下“拿出现实点的方案来”，正是在“聚集”，在做相反的事。这会让大家的热情冷却，无法达到“发散”的效果。

在“发散”阶段，正确的做法是：像逻辑君那样，不要求任何人承担责任，也不批评，让每个人自由发言。建议大家借鉴学习逻辑君的做法。

松本清的“从零开始”思考战略

从零开始思考，也意味着抛开常识去思考。从常识来讲，药店卖给顾客的应该是治病的药。而一家名为“松本清”的药店却突破了这个局限，发展“健康增进产业”，也就是把旧常识更换为新常识。

松本清的社规：只有打破旧常识，才能创造新常识。“健康增进产业”的思路，意味着不仅仅停留在药品销售的阶段，而其他比如很受女性欢迎的化妆品，能够促进心灵健康，进而有助于促进身体健康，因此松本清也同步销售化妆品和时尚用品。

从零开始思考，意味着抛开迄今为止的既成观念和常识来思考

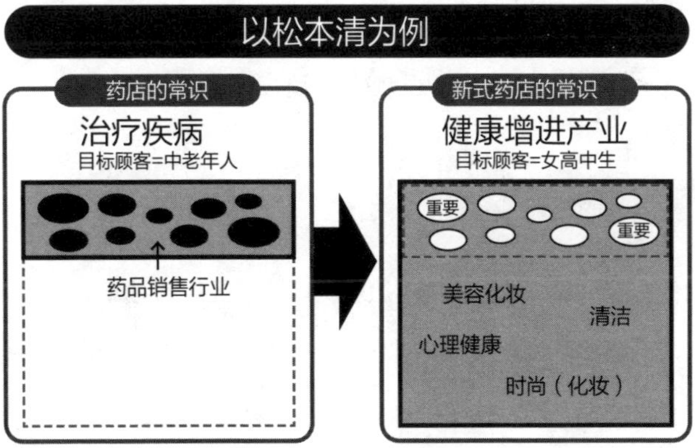

案例 19

分析出业绩不佳的问题所在

问题点和对策混淆不清的无逻辑君

作为领导的无逻辑君想查明营业部门为何业绩不佳。在会议上，他率先发言：“请大家畅所欲言，把平时遇到的问题都讲出来。”

大家的发言中既包含问题，又包含对策。无逻辑君向上司如实汇报，却遭到批评：“先把问题整理出来，找到业绩不佳的原因再说。”

无逻辑君的牢骚

为什么上司只听问题不听对策呢？明明已经找到对策了。

难道赶紧找到解决业绩不佳的对策不好吗？干吗非要绕圈子呢？再说，大家明明已经提供了那么多解决方法，赶快征集意见，找到合适的对策并付诸实践才是正事啊！

只关注业绩不佳问题所在的逻辑君

作为领导，逻辑君也想查明营业部门业绩不佳的原因。但他没有采取无逻辑君那样的方式，而是对大家说：“我们之后再讨论对策，请大家先多多指出问题所在。”当有人在发言中提出对策的时候，逻辑君还会追问一句：“这项对策是针对什么问题的？”这是逻辑君为了引导对方说出问题所在而采取的策略。

即使是不太合理的发言，逻辑君也没有予以批驳。他知道，身为部下，一旦被批评就会谨慎起来，不再踊跃发言。此外，一旦进入讨论环节，或是一开始的说明太啰唆，也会错失听取更多方案的机会。最终，通过这次会议，大家共总结出 200 个问题，逻辑君随后又将这些问题汇总整理了一遍。

逻辑君的主张：一定要搞清楚会议主题。

如果对于问题所在没有达成共识，那么，在接下来讨论解决方案的时候，大家的意见会很难统一。而且，如果找不到问题出在哪里，也就想不出根本对策。例如，“因为库存不足，所以需要增加库存量”就是一个对症下药的例子；而“为何会出现库存不足”的原因，大概是“销售和库管没有配合好”。

需要牢记的逻辑理论之——帮助我们进行发散的“头脑风暴”

用头脑风暴来收集方案

无逻辑君错在没搞清楚问题和对策的区别。只有找到造成业绩不佳的根本原因，才能做到像逻辑君那样对症下药。

逻辑君在收集方案时采用的方法被称为“头脑风暴”，这种方法在广告代理行业又被称为“创意闪现”。确定会议目标之后，下一步是用这种方法来收集方案、丰富头脑。最后，在“聚集”这一步确定最佳方案。

进行头脑风暴，要遵守以下五条规则：①抛开既成观念和常识（从零开始思考）；②多多益善（先重数量再重质量）；③三个“不要”（不要批评、不要讨论、不要冗长的说明）；④参考他人的想法和现成的观点；⑤逐条记录。在“发散—聚集”的过程中，提案（发散）和评价（聚集）这两个步骤是分开的、互不干涉的。

富士胶片的成功

数码相机的问世，给胶片产业带来了巨大的影响，由于经营不善而破产的柯达就是一例。而富士胶片却延续着盈利超过数百亿日元的神话。

富士胶片一直保持着一个良好的传统——畅所欲言提出问题。在讨论问题和对策的时候，所有人不分上下级和地位高低，最终采纳的也是客观上最优秀的方案。不管方案由谁提出，都会依据一定的评价标准，由领导做出最终判断。这个评价尺度就是：方案对于整个公司是否有利？如今的富士胶片通过调整经营方向，开始涉足化妆品等多个领域，成功避开了重重危机。

帮助我们进行发散的“头脑风暴”

“头脑风暴的规则”
秘诀是自由表达

①抛开既成观念和常识（从零开始思考）

②多多益善（先重数量再重质量）

③三个“不要”（不要批评、不要讨论、不要冗长的说明）

④参考他人的想法和现成的观点

⑤逐条记录

用途

- 大家共同商讨问题的时候
- 大家共同商讨注意点和对策的时候

案例 20

发现存在大量问题之后，首先要做的事

只顾讨论问题对策的无逻辑君

上司告诉无逻辑君，要吸取上次的教训，不要再把问题和对策混为一谈。于是，无逻辑君发给每名部下一些便签，要求他们在每张便签上写一个问题，结果 10 个人一共写了 200 个问题交上来。无逻辑君觉得 200 个有点多了，于是重新给每个人发了 3 张便签，要求每人只写 3 个重要的问题，收齐之后又删掉了一些重复的，最终把 30 个问题减少到 20 个。

无逻辑君的牢骚

只要重视每个人的问题意识就可以了。

我觉得没必要非得列举出那么多问题不可。而且，统一所有人的意见也比较困难，就让每个人提出 2 ~ 3 个好了。只是，我怎么好像看不懂他们提出的问题呢?

对全部问题进行分类汇总的逻辑君

逻辑君用便签收集到10个人提出的共200个问题之后，让每个人把自己便签上的内容挨个读一遍，再贴到模造纸的中央。如果和纸上已有的内容类似，就贴到它旁边，最后，所有的便签都要贴到模造纸上。

接下来，用记号笔把内容相似的便签圈起来，并用简练的标题总结出每个圈内的问题摘要，把标题写在便签上，贴在该区域。标题内容包括会计问题、营业问题等。将类似的问题分类汇总，并注明摘要，能够帮助我们把握整体问题所在。

逻辑君的主张：分类汇总帮助我们更好地把握整体。

把类似的问题分类汇总，这是信息整理的基本要义。分类之后，再把每一类内容要点用标题的形式写成标签并贴在一旁，方便我们对整体有一个大致的把握。接下来，进一步对所有的标题进行分类，并贴上更大的标签标明。最后一步，要求每个人对于大标签代表的问题举手表态，举手人数越多，说明问题的重要程度越高。

需要牢记的逻辑理论之——分组整理信息

整理信息的第一步：把类似的信息整理到一起

信息整理，属于“发散—聚集”过程中的“聚集”步骤。分组和重要性评价，能够帮助我们更好地“聚集”。下面让我们来思考关于分组的问题。分组，是指把类似的内容集合到一起，在这个环节可以使用便签，便于操作。

写好便签之后，从第一个人开始，依次朗读。当其他人听到与自己手中的便签类似的内容时，就把自己手中的内容也读出来，并放在这张便签的旁边。比如，当“质量不佳”的内容出现之后，接下来，大家把自己手中关于质量问题的便签全都依次读出来，并放在一旁。

积累够一定数量的便签之后，就很容易确定该分组的名称了。再用记号笔把内容类似的便签圈在一起，这样就很容易看出组与组之间的分界。最后，再在每个分组旁边贴上写有标题的大标签。记号笔的画线可以画成两重或三重。

每张便签只写一个问题

分组归纳问题，使员工对于整体问题的认识趋于统一。无逻辑君之所以觉得其他人提出的问题难以理解，正是因为没有将对于问题的认识统一化。同一公司的不同部门所面临的问题是相同的。因为企业环境和业务结构相同，员工所感受到的问题也有着相似之处。

在这种情况下，如果把问题摆到桌面上来分析，并想办法让大家对于问题的认识趋同，员工们就会觉得“啊，原来不止我一个人在为此而苦恼啊”。有人感同身受，自己的心情也会更轻松一些，有助于大家齐心合力，促进改革。

把类似的内容放置在相互邻近的位置，并贴上描述概要的标签，这样就能了解整体情况

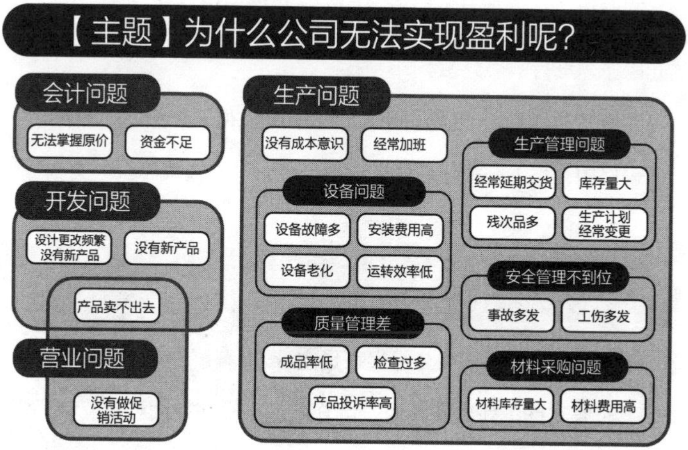

案例21

如何整理海量信息？

不知该如何整理的无逻辑君

无逻辑君的上司要求他把业绩不佳的原因逐条整理好，并排列出优先顺序，进行归类分组。

无逻辑君用 Excel 软件把部下们提出的 200 多条问题逐条整理在一张表格中，接下来，他不知道该做什么，也不懂该怎么分类。

无逻辑君的牢骚

逐条整理之后再归类分组实在是太难了。

上司要我逐条列出来整理，可分组这事实在是太难了。我觉得排列优先顺序倒是不难，选几个重要的项目出来就可以了。可分组究竟该怎么做呢？

娴熟地排列好优先顺序并分类的逻辑君

逻辑君也使用 Excel 把部下提出的问题逐条整理了一遍。不过，他并没有单枪匹马地去做，而是把所有人召集起来，共同完成了这项工作。具体流程是这样的：首先，让主持人逐条朗读 200 多个问题。每读完一条，用五阶段评价的方法来确定优先顺序。

接下来进行分组。分组时特意将公司的业务内容分为“营业”“采购”“信息系统”这几类。并且用字母进行标注，如“A：营业”“B：采购”。用字母标示，是因为在表示优先顺序的时候已经使用了数字，而分组和排序这两项工作需要区别开来。最后，用 Excel 的排序功能，以分组和五阶段评价的结果为关键词对数据进行排序。

逻辑君的主张：排列优先顺序和分组的方法，让整理信息变得很简单！

整理信息的捷径就是，把优先顺序和分组这两种方法结合起来，先进行其中哪一项都可以。用 Excel 进行排序会很方便。同时，使用投影设备，这样即使再多的人参加这项工作都没问题。将用来进行五阶段评价的数字和分组的字母标在每条信息的左侧，这样看上去更清晰。

需要牢记的逻辑理论之——整理信息的捷径①：逐条整理法

逐条整理信息要进行分组和排列优先顺序

采用头脑风暴法获得多个点子之后，将其逐条列出。这项工作需要用到以下工具：连接投影仪的电脑和 Excel 软件。Excel 的排序功能十分便捷。

首先，确定部门会议的讨论目标。之后，请参加会议的所有人自由发言，以头脑风暴的形式提出问题，负责录入的人逐条记录下来，大约提出 200 条。

接下来，进行提炼。这里，推荐先排列优先顺序、后分组的操作流程。排列优先顺序时，采用五阶段评价法为宜。在五阶段评价法中，5 代表“极其重要”。如果出现意见不统一的情况，就按评分高的结果处理，比如当同时出现 5 和 3 的话，就确定为 5。因为，即使只有一个人评了 5 分，而最终结果定为 4 的话，这个人也会不悦，因此，还是要采取满足所有人的评价方法，将最终结果确定为 5。

如果评分为 5 的项目有好几项，还可以从所有的 5 分项中选出更为重要的，标记为⑤。⑤可以理解为 6，这样，选出最重要的项目。

◆ 分类并排序

排列完优先顺序之后，下一步工作便是分组。在分组时，可以将公司业务作为分类的依据来设计。例如，“经营、计划”“人事、组织”“销售”“采购”等等。

分组时，用字母来标示。例如“A：经营、计划”“B：人事、组织”，像这样标上记号。分组的工作，可以根据已经分好的类别，由几个人合作完成，这样可以节省时间。

排出优先顺序并分完组之后，再使用强大的排序工具 Excel 的分类功能，按照“分组→优先顺序”的条件进行排序。

用头脑风暴法整理信息的实例

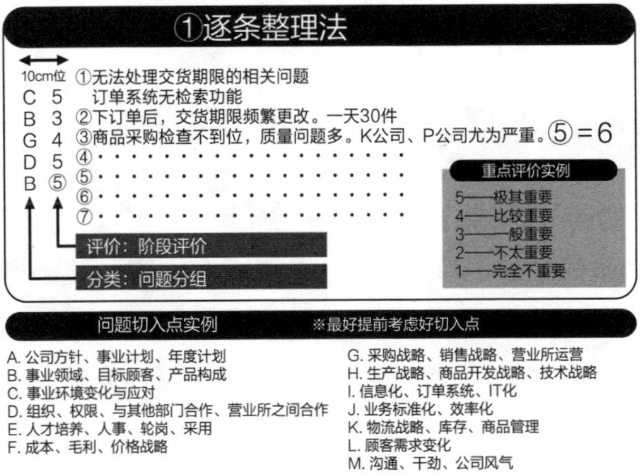

案例 22

怎样借助便签来整理信息？

依然不知该如何整理的无逻辑君

这一次，无逻辑君的上司要求他用便笺整理出业绩不佳的问题所在，并排列出优先顺序，进行分组。

无逻辑君已经学会了把内容相似的便笺集中到一起分组的方法，但他还是不懂怎样排列优先顺序，因此显得束手无策。

无逻辑君的牢骚

如果用便笺书写，那整理起来麻烦得很。

让全体员工把问题写在便笺上，收集大家的意见，这看起来的确是个好方法，但之后的整理工作也很令人头疼啊！有没有什么更好的办法呢？好像还是把便笺上的内容逐条整理到 Excel 中比较方便吧。

借助矩阵（格子）来分类的逻辑君

逻辑君想到的方法是：借助白板来整理便签。先分类，再用五阶段评价法排列出优先顺序。把内容类似的便签聚集到一起，找出共同项。寻找共同项，最简单的方法是按照业务内容，分成“经营问题”“营业问题”“采购问题”等类别。在白板上画出矩阵（格子），对便签进行分类，这样会更加方便。

最后，逐张排列便签的先后顺序。每读完一张便签上的内容之后，要求认为该项内容重要的人举手示意。依据举手的人数来确定分数，例如，总人数为 7 人的情况下，满分为 7 分。

逻辑君的主张：借助白板来整理便签十分简单。

如今，越来越多的公司不再使用模造纸，而是用白板代替底纸，把便签贴在上面，这不失为一种可行的方案。全体参会者可以围着白板形成一圈，气氛也变得轻松愉快起来。所有人都参与便签的书写和整理，这大大提高了大家的同一感和认可度。以我的经验来看，越大的白板效果越好。

需要牢记的逻辑理论之——整理信息的捷径②：便签整理法

◆ 借助便签整理信息时，用白板或模造纸会很方便

无逻辑君苦于整理信息的原因在于，他不懂得用矩阵来整理便签的方法。在对便签进行分组的时候，可以用矩阵来帮助整理，十分高效。进行这项工作时，可以在桌上铺一张模造纸作为底纸，也可以所有人围着一面白板来进行。

接下来，从某一个人开始朗读自己的便签。之后，手头的便签上写有类似内容的人紧接着读自己的，并贴在上一张便签的附近位置。再下一个人继续朗读。重复几次之后，白板上的便签就会形成几个“岛屿”，每个岛上的便签都写有类似的内容。

下一步需要思考的是，按照什么方法进行分组？分组最多不超过 7 个为宜。例如，分为总公司业务、营业或物流业务、开发或设计业务等等。可以参考公司的组织结构进行分组。把分组名称写在便签上，贴到最上方，并用竖线隔开。

在最左边的方框内写上对象部门或组织的名称，由上到下贴好，上下两个项目之间用横线分隔开。

整理好之后进行优先排序

利用矩阵把便签分好组之后，下一步就是排列优先顺序了。排列优先顺序的方法除了五阶段评价法之外，还有举手表决法。

首先，选出一个主持人，把便签上的内容一张张朗读出来。读完之后，认为内容重要的人立刻举手表态。如果在场共 7 人的话，满分就设为 7 分。如果全员通过，得分为 7 分。得分 5 ~ 7 分的项目可列入优先行列。

如果用便签作为辅助，还需要用智能手机拍照保存。放大后，便签上的小字也可以辨认出来。

用头脑风暴法整理信息的实例

②便签整理法

部门＼问题切入点	总公司业务	营业、物流	生产、采购	开发、设计	组织、风气
总公司	4 3	4 5 3	3 4 3		4 3 5
营业所	3 5 4	5 3 4	5 5 4	3 3 4	3 4 3
工厂		4 5 4	3 5 5	3 5 3	
集团企业	5 4 5	3 3 5 3	4 3 5	3 4 3	5 4 3

案例 23

如何解决开会时间过长的问题?

缩短每场会议时长的无逻辑君

会议时间过长的问题在部门内受到诟病由来已久，为此，专门设立了“会议时间短缩委员会”，试图解决这个问题。无逻辑君非常支持委员会的工作，并提出了“把所有会议的时长都缩短十分钟”的方针，也就是说，本该开 1 小时的会议，开 50 分钟就强制散会。

在无逻辑君的指示下，时间监督员开始监督每一次会议的时长是否超标，并每天向委员会汇报情况。这招致了各个部门的不满，认为管理太过僵硬。

无逻辑君的牢骚

把会议时长稍微缩短一点，效果本应很好的啊!

把会议时长稍微缩短一点，这难道不好吗? 这些人真是的，在埋怨缩短时间的方针之前，能不能先想想怎样才能提高开会的效率! 大家一边埋怨着会议时间过长，一边又把我当成坏人，真是一群不识好歹的家伙！

全面审视会议必要性的逻辑君

会议时间过长的问题在部门内引起热议。逻辑君作为领导者，负责组织“会议时间短缩委员会”的工作。他提出的方针是：停止召开低效率的会议，如果不能停开的话，就把两场以上的会议合并为一场，减少开会的总次数。

提出上述两项方针之后，逻辑君又把过去一个月召开过的所有部门会议总结成一张一览表。通过分析，他得出了结论：形式主义的例会次数过多。通过停开、整合会议的途径，会议时长缩短了 40%。

逻辑君的主张：减少会议次数才是根本对策！

在尚未讨论出结果的时候，就强行终止会议，这种做法太荒谬了。当然，如果无须开会就能顺利完成工作的话最好不过，但有些会议是不能不开的。那么，不妨把两场会议合二为一，这样，也方便参会成员调整时间。

需要牢记的逻辑理论之——直球式思维方法：ECRS法

用 ECRS 法寻找改革或改善方案的线索

有哪些工作是无意义的、浪费时间的？把这些问题梳理清楚，使所有人达成共识，然后再来思考改善、改革的方案。此时，ECRS 可以作为一个有效的切入点。E 代表 Eliminate（排除），C 代表 Combine（统合），R 代表 Replace（置换），S 代表 Simplify（简化）。其中，E 代表着成效最高的改革方法，次高效的是 C。E 和 C 都属于改革方案，而 R 和 S 能够有效帮助我们思考改革方案。

E 意味着“停止、排除”，要求把某个要素归零。例如，撤销非核算部门的决策就属于 E 的一种。C 意味着“统合、合并”，把两个以上组织合为一体。此类改革措施能够减少重复作业、提高效率，使每个人的工作量趋于相等。企业合并就是 C 的一例。

了解了 E 和 C 之后，下面来思考 R（置换）对策。置换的对象包括：人、物、时间、地点等等。例如，雇用兼职员工是以人为对象的置换；把工厂转移到海外是地点的置换。S 要求在之前的基础上提高效率、简化过程。缩短会议时长就属于 S 的一种。而撤销会议属于 E 对策。

◆ 从 E 着手

一般而言，我们会从成效最高的 E 对策开始思考。建议在整理的时候也按照 ECRS 的顺序来操作。首先从 E 开始，把不需要的全部丢掉。接下来要做的是 C，把类似的聚集在一起，就像逻辑君在会议上做的那样。R 是整理归类、方便检索的整理过程。S 是简化的过程。

断、舍、离是瑜伽的三种方法。把“断”“舍”“离”这三种方法用在整理房间上，舍弃不用的东西，摆脱物欲。这正是 ECRS 的体现。从 E 开始改变吧。

ECRS——找到改善或改革的线索

ECRS（排除→统合→置换→简化）

	ECRS	内容	例
1	E（排除）	停止、拒绝、放弃、撤退	●撤销非核算分店 ●放弃不良债权
2	C（统合）	统合、合并、统一	●合并两家分店 ●整合组织机构
3	R（置换）	置换（人、物、时间、场所）	●业务外包 ●职员轮岗
4	S（简化）	简化、单纯化	●缩短时长 ●简化流程

●首先，思考最节省时间的“排除”法
●如果无法排除，再考虑合二为一的“统合”法
●最后，考虑“置换”“简化”的方法

案例24

问题改善遇到了瓶颈，需要来一场彻底的改革

认为对现状进行彻底分析即可的无逻辑君

无逻辑君被调动到经营企划室。公司已经连续两期出现赤字，目前的任务是制订新的三年计划，从根本上进行改革。室长召集全体人员开会，征求大家的意见。无逻辑君认为，需要“从根本上分析现状，找出问题所在，并改善方法，进一步降低成本，以避免赤字”。然而，他的发言遭到了其他人的反驳，他们认为“只停留在提高效率和降低成本的阶段是没有意义的，必须要拿出根本性的改革方案”。

无逻辑君的牢骚

把现阶段的问题一一解决就能实现改革目标。

为什么大家都要和我过不去呢？我的想法是，只有彻底分析清楚现状，找到问题究竟出在哪里，才能进行改革。既然目前是赤字状态，那么，采用降低成本的方案，多少能改善一下现状吧？这样简单的道理，大家居然不理解，大概因为我是新来的，他们欺负我。

为大家描绘出一幅蓝图的逻辑君

逻辑君也被调到了经营企划室,并参加了新三年计划的制订工作。大家在会议上互相交换意见，进行讨论。室长问逻辑君：“你有什么想法？”

逻辑君回答：“我们应该设想一下，公司三年之后会是什么样。如果像现在这样继续下去，是无法摆脱赤字危机的。”室长听了很感兴趣：“那你具体谈谈。”于是逻辑君继续说道：“公司一直在走销售产品的路线，换句话说，就是卖硬件。但是，在价格大战中，只销售硬件是很吃亏的。如今的时代拼的是服务、是软件,只有服务跟上了,才能实现赢利。举个例子来说……”

逻辑君的主张：单纯分析现状只能做到改善的地步，而实现彻底的改革，需要思考“要实现什么样的目标”。

过去，我们已经做了太多现状分析的工作，却从来没有进行过根本性的业务方向调整。这就好比只修补一堵砖墙薄弱的部分，这总归是有局限性的。如果换成钢筋骨架，再贴上护墙板,这样的建筑既结实,建造起来又方便。我们未来要实现的目标也是一样，先用钢筋架构出骨架，再添加具体内容进去，这才能称为根本性的改革。

需要牢记的逻辑理论之——描绘未来状态，再进行验证的假设性思考

假设思考与现状分析的区别

改善现状的途径有两种。一是像无逻辑君那样，先分析现状，进而找到问题所在，并予以解决的“改善型”；二是像逻辑君那样，先描绘一幅蓝图，再提出达成目标的“改革型”。这一次的任务是进行改革，因此无逻辑君的改善型提案遭到了大部分人的反对。

我们通常习惯用改善型方案来解决问题。例如，产品质量不佳或遭到投诉时，需要改善。此时，应先分析现状，发现问题所在，然后寻找对策。

然而，一味地进行改善，是无法实现根本性改革目标的。例如，要开发一款前所未有的新产品的时候，只做改善的工作，是无论如何也想不出新创意的。这时，应该做一个大胆的假设，想象一下未来的样子。例如，戴森出品的无扇叶电风扇，如果在设计之初，光靠改善以往的旧产品，是不可能实现的。而思考一下，前所未有的电风扇该是什么样子呢？就会得出答案——没有叶片的电风扇。

只有描绘出未来的蓝图，才能实现彻底的思想转换。

◆ 假设验证的流程

即使是描绘好的蓝图，也可以在具体操作时根据需要进行调整。蓝图属于假设的一种，虽然我们在现阶段无法判断它正确与否，但既然有了这个假设，至少能够实现飞跃性的思想转换。“假设—实行—验证”的流程，也是提高假设精确度的过程。做了假设之后，下一步便是调查和实践，必要的情况下，可以随时修正。

近年来，改革型需求日益增长，因此记住改革的流程还是很有必要的。

创造新事物时，先做出大胆的假设，一举把它变成现实

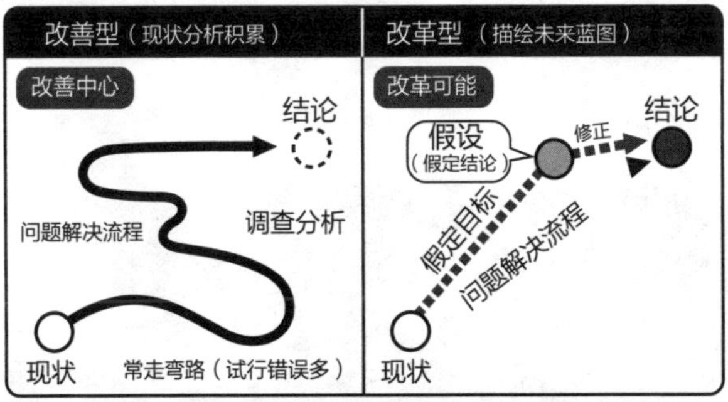

做出假设（假定结论、试想方案），快捷地导出结论
描绘3年后的蓝图，实现改革

流畅顺利地编写资料的写作技巧

PART 4

案例 25

文章的简明程度有所不同

通篇用词晦涩难懂的无逻辑君

无逻辑君对自己提交的计划书自信满满，不想却遭到了上司的批评："你的计划书里面，很多用词让人看不懂。比如说，安保方式里面有一条非接触方式，这个非接触方式具体指什么？我想象不出来。去重写一份，写得明白一点。"

上司离开后，无逻辑君越想越觉得冤枉。

无逻辑君的牢骚

身为上司，难道不应该多多学习吗？

身为上司，理应明白我的计划书里在写什么。即使是通过上下文推测也能略知一二，难道不能动动脑子吗？如果说内容上有什么问题倒也罢了，尽提些细枝末节的要求，真是够了，烦死了。

适量添加解释的逻辑君

逻辑君提交的计划书，是关于加强公司安保的内容。计划书中提出，导入非接触式磁卡，与员工证共同使用的方案。对于非接触式磁卡这一名词，逻辑君特意做了解释：“与铁路使用的Suica和ICOCA相同，使用IC芯片”的方式。

此外，逻辑君还把其他公司使用非接触式磁卡的事例及其利弊作为参考资料附在了报告书后面。

逻辑君写的企划书十分周全，在每一处需要说明的地方都加了解释，并附上了参考资料。

逻辑君的主张：假设读者并不理解文中的专业用语，以此为前提来考虑。

对于读者来说，如果不理解文中出现的专业术语，就无法理解全篇内容。上司和顾客有时候也会因为这个而放弃本来想要读一读的计划书。

所以，在读者会感到困惑的地方，我会标注简要的说明。很简单的一件事，却是必不可少的。

需要牢记的逻辑理论之——理解文章内容的机制

◆ 人通过大脑的记忆库理解文章

怎样才能写出简明易懂的文章呢？回答这个问题之前，首先要了解，我们的大脑在阅读时的运作机制。在阅读过程中，大脑会检索自身记忆库中的内容，把读到的内容和记忆库中的内容相对照，并做出判断。如果记忆库中已经储存了相应的内容，理解起来就会很容易。如果遇到记忆库中没有的术语，就会不知所云，无法理解。如果内容前后矛盾，作为读者自然也觉得难以理解。

易于理解的内容，一定是与读者的记忆库内容能够一一对应的。如果出现了记忆库中没有的词汇，应该学习逻辑君的做法——标明注释，也就是在读者的记忆库中增添新的内容。如果文章前后矛盾，也会让读者觉得难以理解，无法认同。简明易懂的文章要与读者记忆库、经验和常识相符合。此外，如果文中的信息过多，也会造成阅读障碍，因此要尽可能地做到言简意赅。

◆ 难以理解的指示词

文章中的指示词过多，也会造成内容难以理解的问题。“这个”“那个”等词语都属于指示词。读者看到这些词时会突然愣住：“这是在说什么呢？”于是不得不回过头再读一遍，浪费一倍的时间，这对于读者来说，就会留下“不易读懂”的印象。

考试中，有些题目要求“找出指示词”。仔细想想，这也意味着，与其他词汇相比，指示词理解起来要更难一些。例如，直接说“人事评价的事情”，就比说“那件事情”要清楚得多。具体解释一下要描述的内容，会让读者觉得阅读起来很通畅。

人在思考时需要调动大脑记忆库

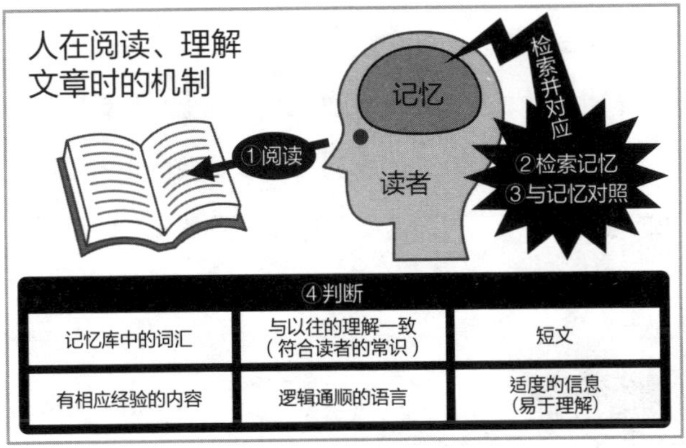

案例 26

如何写出一篇言简意赅的文章？怎样认真地书写长文？

每篇文章都过于冗长的无逻辑君

上司交给无逻辑君一项任务：以“营业部业务介绍”为主题写出六页文字，并刊登在三个月后出版的公司内刊上。无逻辑君苦战两个星期之后，终于写完交给了上司。可上司反馈回来的修改稿上，通篇是红色的修订字样。上司告诉无逻辑君：“你的文章我看不懂，篇幅太长，内容无法理解。参考我标注的红字改一改吧。”

无逻辑君的牢骚

要写的东西太多了，我也是没办法啊。

利用这个机会，可以让其他部门的人了解营业部门的工作。所以我才拼命地写，写了一堆内容。上司却说我写的稿子不知所云，这未免有些失礼吧？要是觉得我写得不好，那你自己写好了。

把每句话控制在40字以内的逻辑君

逻辑君也接到了以“营业部业务介绍”为主题的写文章、发表在公司内刊上的任务。逻辑君做的第一件事情是：思考读者想要了解哪些内容，是“营业部的业务内容”，还是“营业工作的辛苦”？

上司的要求是：把文章写得通俗易懂。基于这个要求，逻辑君确定了写作的基本方针：一句话讲一件事。对于逻辑君提交的初稿，上司也用红字修改了几处，但称赞他的文章“简明易懂”。

逻辑君的主张：一篇文章中的信息量过多会令读者难以理解。

一篇文章中包含过多的信息，文章会显得复杂难懂。曾经有这样一个人，他一句话居然说了两三分钟才画上句号（一句话结尾处的圆圈）：“因为……，又因为……，而且……，这时候发生了……，最终……。”啰啰唆唆地没完没了。别人问他：“总结起来，你是要表达……的意思吗？”他回答道：“是的，就是这样。”这不禁让人觉得，这个人说话之前根本没有理清思路。

需要牢记的逻辑理论之——一句话讲一件事，这样的文章通俗易懂

每句话只叙述一件事情

想象一下，如果在讨论问题的时候，对方一口气说了一通长篇大论，你会有什么感觉？是不是大脑一片混乱，根本无法继续思考下去？同理，由于人脑对于外界输入的信息进行处理的能力是有上限的，信息量过多的文章，会给人晦涩难懂的感觉。

拐弯抹角的文章、烦琐冗长的文章，都有着信息量过多的问题。此外，像第 108 页中提到的无逻辑君的上司，因为读到太多不明含义的词汇和不熟悉的领域，大脑中就会堆积过多信息无法处理，这导致大脑思考的停滞，这种情况也很常见。

所谓通俗易懂的文章有以下几个特征：语言简练，每句话中只含一条信息，用读者熟悉的语言叙述。一句话讲一件事，也就是每句话只传达一条信息。如果要讲两件以上的事，那就分几句话来叙述。即使没有过人的才华，也可以怀着一颗简单明快的心，写出通俗易懂的文章。

◆ 每句话控制在40字以内

做到一句话只讲一件事，最简单的方法是：在写作时，下意识地把每句话控制在40字以内。例如，用Word写作时，把每行的字数设置在40字左右，每句话控制在一行之内，这样写出来的文章就能符合“一句话只讲一件事”的标准。即使偶尔有超过40字的句子也不必太过在意。

一句话只讲一件事的写作方式，让主语和谓语之间的关系更加清晰，写出来的文章通俗易懂。如果前后文之间有很大的关联，用连接词说明关系即可，但连接词的数量不宜过多。

一句话只讲一件事

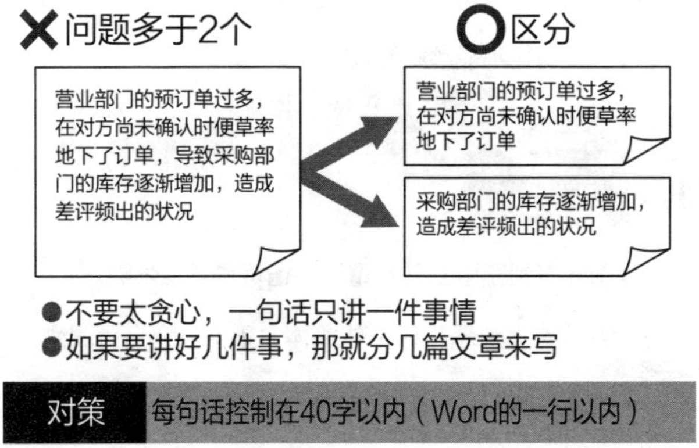

案例 27

开始写作之前的准备工作有哪些？

浪费时间反复阅读的无逻辑君

无逻辑君提交的内刊稿件被上司用红字修改多处，然后返了回来。无逻辑君认为，要保证修改后的文章前后一致，就必须反复确认。于是，他用了大把的时间反复阅读，修改文章却只用了很少的时间。可改完之后，字数反而多出了好几千，无逻辑君只好从头再读一遍。这不得不让人担心他究竟能不能顺利修改成功。

无逻辑君的牢骚

咦，我刚才写到哪里来着？重读一遍可真是麻烦啊。

一写文章就头疼，总是抓不住整体，不是忘记自己“刚才写到哪儿了”，就是怀疑“这个内容刚才是不是已经写过了”。一遍又一遍，读得眼睛都疼了。写这个破文章还妨碍我干正事，把营业活动都耽误了。说实话，我真的是不擅长写东西。

下笔如有神的逻辑君

逻辑君考虑到，要在最短时间内写出内刊稿件，必须最大限度地缩短修改占用的时间。上一次，逻辑君在分析每个步骤耗时的过程中发现，“反复阅读”的环节占用了绝大部分时间。

接下来，逻辑君开始分析“之所以会耗费那么长时间反复进行阅读”的原因。他发现，这是由于对文章的整体内容没有把握好，导致需要反复确认每句话之间是否在逻辑上能够保持一致性。为此，逻辑君提出了相应的解决对策：认真写好目录，提前设计好每一章节的内容，并体现在目录的小标题中，从而减少反复阅读导致的时间浪费。

逻辑君的主张：提前编写好目录，不用反复阅读也能顺利写下去。

写文章时最令人头疼的问题莫过于不知道“（接下来）该写点什么”，以及忘记了“（前面）都写了些什么”，如果在编写目录的时候，把要写的内容确定下来，就可以把重复阅读的时间节省下来。在每个小标题旁边，再用关键词或序号另外标注一下“本节要传达给读者什么样的信息”，就不会漏掉该写的内容了。

按照“设定主题→目录→关键词→图表→正文”的顺序来写作

你是否思考过这个问题：写文章的每一个环节，分别要花费多长时间？实际上，大多数人花在反复阅读上的时间，甚至要比写作本身的时间还长。再加上修改的时间，共有 80% 以上的时间都耗费在反复阅读和修改的环节了。

想要把反复阅读和修改的时长缩减到最短，就需要按照“设定主题→目录→关键词→图表→正文”的顺序来写。在第一个环节“主题设定”中，需要做的是编写文章的“计划书”，确定文章的主题、观点、要传达给读者的信息等等。在“编写目录”的环节，以标题的形式把 90% 以上的正文内容确定下来，最后，检查一遍是否存在遗漏和重复的问题，也就是有没有达到 MECE（参考第 20 页）的状态。接下来要做的是，确定每一节的具体内容，并利用关键词和逐条列举的方式记录下来。文章中所有的图解都要提前做好，这样可以使内容更加清晰。以上准备工作全部完成之后，才可以进入书写正文的环节。

不要一上来就急着写

一上来就开始写正文，过后往往还需要反复阅读修改。究其原因，是因为这样做会很容易忘记自己前面都写了些什么。尤其是写到中途停下来歇一会儿，再重新拿起笔来的话，会发现需要重新读一遍自己刚才写的内容，才能保证接下来写的和之前的内容保持一致。

每次至少要把一整节内容写完再停笔。一节内容只有几百字，一两张 400 字的稿纸就够了。如果连区区一节的内容都抓耳挠腮写不出来，这说明其实你还不知道自己要在文章中写什么内容。

写文章的顺序

“主题目录→关键词→图表→正文”

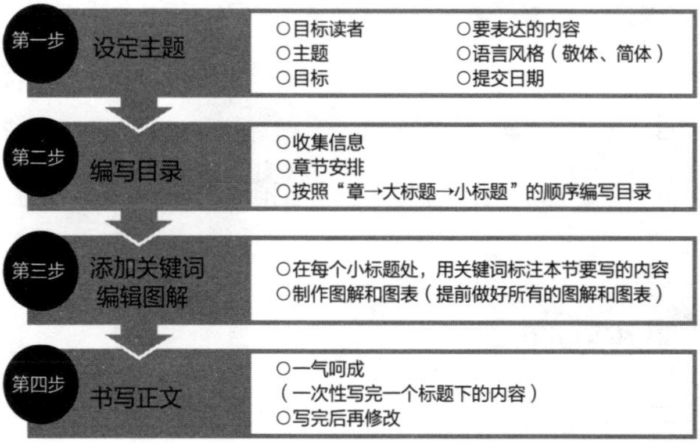

案例 28

如果必须要写出一篇长文，该怎么办？

正文结构前后矛盾的无逻辑君

无逻辑君从去年开始攻读成人研究生课程，利用工作日的晚上和周末时间上课。今年想要顺利毕业的话，需要写出 7 万字左右的毕业论文。无逻辑君目前只写了 3 万字，而且他的带薪休假已经用完了，没有太多时间。他总想着，等有了时间再修改，于是每次都草草写上几句便作罢。可每次再拿起笔来的时候，根本记不起自己之前写了些什么，只有重新读一遍才能回想起来。时间就这样一天天浪费过去，无逻辑君的大脑始终一片混乱，一直没有进展。

无逻辑君的牢骚

重写可真麻烦啊。

要不，我先试着把目录写好，看看有没有用吧。不过总共要写 7 万字，我怎么觉得需要 10 个，甚至 20 个标题呢？要不暂且安排 14

节试试看？一节 5000 字，应该差不多吧……可是，我还是不知道该写点什么好啊。

正文结构清晰明了的逻辑君

逻辑君也在写自己的成人硕士毕业论文。7 万字的论文需要分成很多章节。如果一节 700 字的话，那就需要 100 节。不过，如果把 100 个标题全都逐条列出来，连自己都会乱到不知道整篇论文该怎么处理了。

这时，逻辑君想起了之前学过的逻辑树分析法，也就是把信息分层次来整理的方法。如果把 100 个标题分成大、中、小三个层次来梳理，就不会那么混乱了。

逻辑君的主张：有条理地编写目录，更容易掌握全篇结构。

一般而言，标题不超过 7 个的话，就可以保证整体结构看上去一目了然。如果标题多于 7 个，不妨把标题再细分几个层次。一节内容 700 字，需要 100 个标题，才能达到 7 万字的要求。这么多的章节，分两个层次（大分类和中分类）远远不够。于是，我最终决定分三个层次处理：大分类为分章，中分类为大标题，小分类为小标题。

需要牢记的逻辑理论之——帮助安排文章结构的逻辑树分析法

用逻辑树分析法来编写目录

逻辑树分析法的定义是：依据大小关系、因果关系等，把信息分层次处理的整理方法（参照本书第 33 页内容）。在编写文章目录的时候也可以借鉴这种方法。编好目录之后，再对照整体目标确认一下信息是否达到了 MECE（参照本书第 20 页内容）状态，做好完善工作。

如果全文字数在 1 万字左右，那么分为“大标题、小标题”这两个层级足矣。例如，大标题共 5 个，每个大标题写 2000 字。每个大标题再细分为 4 个小标题，那么每个小标题写 500 字。每个标题下的内容只传达一项信息，如果要传达两项以上的信息，就设计两个标题，分别实现。

如果全文共有 7 万字，就需要用逻辑树编排三个层次：分章—大标题—小标题。例如，一共 7 章，每章 10000 字。但要注意的是，无论总字数是 1 万还是 7 万，每个小标题所对应的文字量都要控制在 1 ~ 2 页稿纸所能承载的字数以内。用逻辑树分析法编写目录，只要是能一次性写出 1 ~ 2 页稿子的人，不管总字数有多少，最终都能顺利完成任务。

◆ 一份好的目录能让人清楚地了解全文结构

只看自己编写的目录，就能清晰地把握全文内容。写出这样的目录是每一位作者的目标。要实现这个目标，在编写标题的时候，还需要在标题旁边附上几个关键词，将来看到关键词，就能想起来这一节原本设计要写什么内容。例如，标题为《日本少子化前途多难》，那么在旁边附上“日本的现状”“少子化的实况”“为何前途多难”等关键词，这样，在书写正文的时候，就能回想起最初设计好的内容。

在编写目录阶段，至少要设计好 90% 的内容。只有在正式动笔之前做好准备工作，才能最大限度地减少将来反复阅读和修改的时间。

用逻辑树分析法将目录分层：分章—大标题—小标题

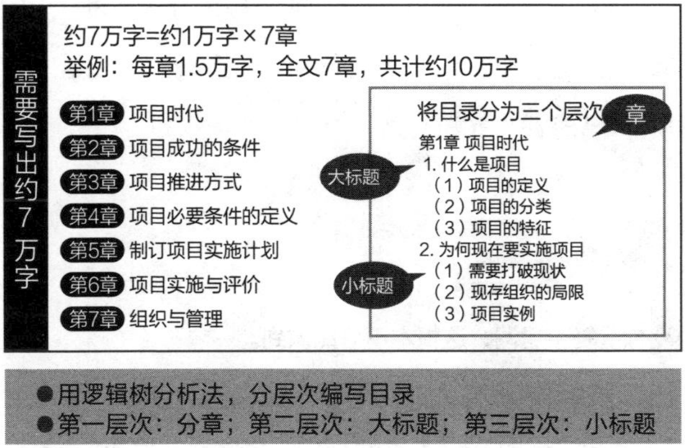

案例 29

重要事项都写进文章里了吗？

文中出现很多遗漏和重复问题的无逻辑君

无逻辑君已经学会了把 7 万字论文的目录分为“分章—大标题—小标题”三个层次的方法。于是，他重新编写了一份目录。目录的问题解决了，但无逻辑君担心还存在其他问题。

于是，他向导师诉说了内心的疑问。导师问了无逻辑君几个问题：“文章的论点是否明确？”“能否用简洁的语言表达你的结论？”“必要的项目有无遗漏和重复叙述？”

无逻辑君的牢骚

没有重复和遗漏，这根本不可能做到。

在目录阶段就吹毛求疵，做到“没有遗漏和重复”，真的有这个必要吗？再说了，从字面上来讲也未必能保证这一点啊。而且，正因为是重要内容，才有必要翻来覆去地重复，这样才能起到强调的作用啊。

文中没有遗漏和重复问题的逻辑君

逻辑君在正式动笔之前,先认真编写好目录,并将目录分为“分章—大标题—小标题”三个层次。写完目录之后,他没有急着动笔,而是先空出了两三天时间,作为“冷却期”。这是为了避免先入为主的观念,以读者的身份,站在客观的立场审视自己编写的目录是否简明易懂。

三天后,逻辑君重新检查了一遍自己之前写好的目录,果然发现了几处问题,比如:遗漏了必要的标题,重复的问题,以及情节发展过于跳跃,等等。逻辑君对这些问题一一进行了修正。

逻辑君提前把目录发给导师过目,第二天面谈的时候,又附了几点说明。导师又指出了目录中的几处不易读懂的地方。至此,逻辑君的论文目录基本可以称得上完美了。

逻辑君的主张:必要项目方面,一定要保证没有遗漏和重复。

正式动笔之前先编写好目录,并确认必要项目没有遗漏和重复叙述。做好这些准备工作,就省去了将来大幅修改的时间。只要看一眼标题,就知道每一项具体要写什么,不必再一遍遍地重复阅读。先认真把目录写好,接下来只要集中精力在每个小标题下对应写上几百字内容就可以了。

需要牢记的逻辑理论之——在目录环节达到MECE状态才是关键

◆ 检查一遍目录中有无遗漏和重复

把目录分出层次，编写成逻辑树形式。逻辑树的成立条件之一：没有遗漏和重复。因此，需要对目录整体检查一遍，确认整篇文章要写的内容是否做到了没有遗漏和重复，也就是说在“分章—大标题—小标题”三个层次中，不能出现任何一处遗漏和重复。

关于如何在分章时达到 MECE 状态的问题，本书中阐述了 6 种途径，分别是：思考方法、时间安排、表达方式、写作方法、谈话方式、逻辑工作法。本书的主题是“逻辑工作法”。有时候，通过这 6 种途径，来判断是否真正达到了 MECE 状态，还是有一定难度的。

用数值来计量的场合，可以使用“以上、以下、未满”等表达方式，这样很容易判断。而在不能用数值计量的情况下，就没那么容易了。如果一直用错误的方式来思考，便无法发现遗漏和重复的错误，这样就会误以为已经达到了 MECE 状态，导致在错误的基础上开展下一步工作。

◆ 写好目录之后再动笔

在编写目录的环节，有一点至关重要：务必确保“已经从 MECE 的角度充分考虑过了”。这是因为，如果正式动笔之后才发现遗漏了重要内容，就不得不从头重新写。为了避免类似的麻烦，最好在编完目录之后，暂且搁笔一段时间，拿出几天时间，先整理整理大脑，然后再从零开始，重新审视一遍自己之前编写的目录。抛开先入为主的观点和既成观念，才能够提高 MECE 的完成度。

能否缩减重新阅读和修改的时间，很大程度上取决于目录的质量。一份高质量的目录能帮助我们提高写作效率。

在编写目录的阶段，总体检查一遍与主题相关的项目是否达到了MECE状态

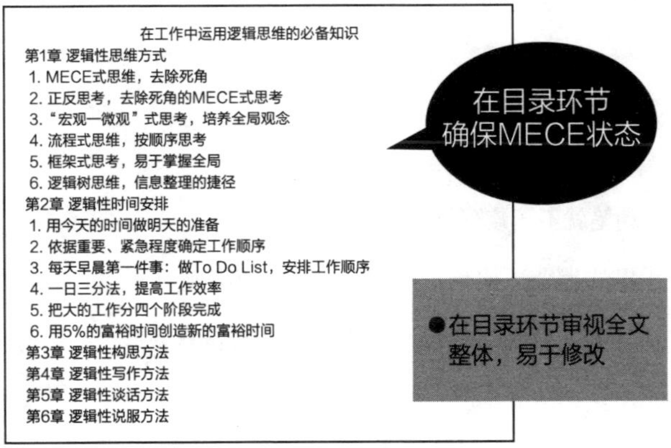

案例30

不知该写什么内容，怎么办？

忘记自己要写什么内容的无逻辑君

无逻辑君把目录分为“分章—大标题—小标题”三个层次的做法，得到了导师的认可。

可是紧接着，无逻辑君又感到无从下笔了，因为他忘记了小标题下要写的内容。在编写目录的时候明明已经想好了，可正式动起笔来，一下子又忘记了。

无逻辑君的牢骚

一动笔就不知该写什么好了。

我果然是个不擅长写作的人。一拿起笔脑子就乱，即便看了自己之前写好的目录，也想不起内容了。有没有人能想个好办法帮帮我啊？

做好笔记再写作的逻辑君

逻辑君在写作时，会在目录和正文中间加一道工序，那就是添加每个小标题下要写的内容提要。

例如，在《何为逻辑思考？》的小标题下标注“符合常理无矛盾”“客观”“与主观比较”等关键词，或者逐条写下笔记。

在小标题下添加图表的时候，逻辑君也会附上备注，比如“图：逻辑性情节展开事例”。对于所有的小标题，逻辑君都用这样的方法进行处理。

逻辑君的主张：列出关键词，防止一时想不起来。

有的人可能会觉得，在每个小标题下都添加笔记的做法太耽误时间。实则不然，开始动笔之后再回过头修改，这样反而更浪费时间，还不如在目录环节就细查一遍，发现需要修改的地方及时处理掉。忙着动笔写，反而不是聪明的做法。大幅缩短写作时间的秘诀在于：在开始写作之前做好万全准备。

需要牢记的逻辑理论之——帮助我们把要写的内容变得可视化的“关键词思维”

边写边思考边记录，文思渐渐泉涌

目录编写完成后，接下来的工作是：写下已设想好的每个标题下的内容概要，形式可以是关键词，也可以是逐条分列的笔记。至于具体要写几个关键词、几条笔记，取决于作者自身需要多少提示才能想起设想的内容，最初阶段不太熟悉这种方法，可能需要 10 个以上的提示。

边写边思考边记录，文思渐渐泉涌。与笔记相比，Word 等软件具有可以直接记录、无须重写的优势。

以防万一，在写作过程中建议随时保存文件。大体写完之后，可以用 Dropbox 等云储存工具把文件保存在网络上，以求安心。

空想是没有成效的。只有真正动笔，一边思考一边记录，才能有新的灵感浮现，编写目录的时候也是同理。大脑中想到的东西一闪而过，很快就会忘记，只有记录下来才能完整地保留，因此，边思考边动笔是较为明智的选择。

关键词提示我们要寻找的信息

人类的左脑负责辨识语言、数字、公式、逻辑等符号，属于数字型。另外语言词汇等也都是通过左脑来识别的。

语言经左脑辨识之后传达到右脑。右脑用来处理感性认知，可容纳图形、影像、形容词、感情等信息，属于模拟型。

左脑传达给右脑的语言，经右脑处理后成为搜索记忆的关键词。人的右脑中存储着大量的影像信息。因此，用关键词添加信息，正是从作者大脑中提取大量信息的重要方法。

编好目录之后，在每个标题下标记关键词

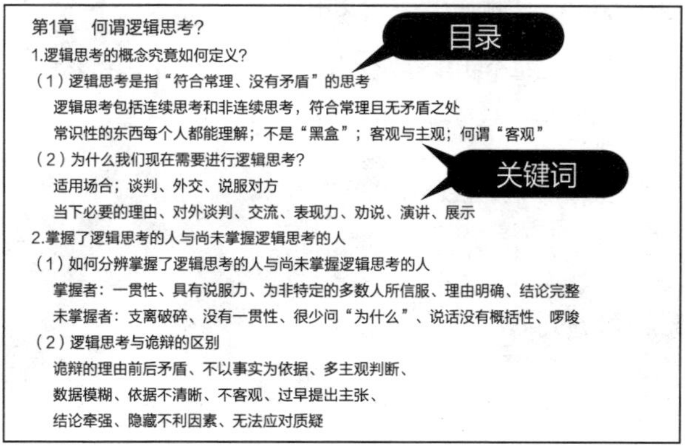
第1章　何谓逻辑思考?
1.逻辑思考的概念究竟如何定义?
（1）逻辑思考是指“符合常理、没有矛盾”的思考
逻辑思考包括连续思考和非连续思考，符合常理且无矛盾之处
常识性的东西每个人都能理解；不是“黑盒”；客观与主观；何谓“客观”
（2）为什么我们现在需要进行逻辑思考?
适用场合；谈判、外交、说服对方
当下必要的理由、对外谈判、交流、表现力、劝说、演讲、展示
2.掌握了逻辑思考的人与尚未掌握逻辑思考的人
（1）如何分辨掌握了逻辑思考的人与尚未掌握逻辑思考的人
掌握者：一贯性、具有说服力、为非特定的多数人所信服、理由明确、结论完整
未掌握者：支离破碎、没有一贯性、很少问“为什么”、说话没有概括性、啰唆
（2）逻辑思考与诡辩的区别
诡辩的理由前后矛盾、不以事实为依据、多主观判断、
数据模糊、依据不清晰、不客观、过早提出主张、
结论牵强、隐藏不利因素、无法应对质疑

案例 31

写文章时你有分段落吗?

段落、行数参差不齐的无逻辑君

完善目录之后，无逻辑君正式开始动笔。全文共 7 章，目前已经完成了第 1 章。为了保险起见，无逻辑君把论文拿给导师过目，并询问了导师的意见。导师指出，论文中存在“段落参差不齐”的问题。写作时，一般要在每个新段落处另起一行，首行缩进。无逻辑君的论文，有的段落只有三行，而有的段落甚至超过十行。导师给出的建议是：每段的长度尽量平均，控制在几行之内。

无逻辑君的牢骚

我完全没有意识到段落的问题。

在写论文的时候，我完全没意识到，还要注意段落的问题。随时想起来，就另起一段，想不起来就随它去。确实，每写几行之后另起一段，看上去显得美观一些。可是，单从内容上来说，有些三行就能论述清楚，有些十行也不够，那该怎么办呢?

每隔几行就另起一段的逻辑君

最近，逻辑君读了几本商业方面的畅销书，并潜心研究了几篇相对通俗易懂的文章。他发现一个规律：如今，很多畅销书的格式都是，把段落长度控制在几行之内。他推测，大概是读者习惯于阅读这样的文章，所以在编辑时迎合了读者的喜好，每隔几行就会另起一个段落进行编排。

此外，写出通俗易懂的文章还有一个基本要求：每句话只传达一条信息，甚至于每个段落也只讲一件事。这一点在写作时需要时刻留意。

虽说长段落也未必是坏事，但逻辑君还是尽力为读者着想，在书写时尽量把每段文字控制在短短几行以内。

逻辑君的主张：每隔几行就另起一段，这样读起来方便一些。

在每行 40 字的情况下，每个段落的标准一般以几行为宜。如果一行只有 20 字，那么，就要在不影响其他的前提下，尽量缩短文章本身的长度。在这里还是建议，每个段落只占用几行空间，最好控制在 10 行以内，即使一行只能容纳 20 字。一旦超过 10 行，就会带来设计得不够完美的感觉。

需要牢记的逻辑理论之——一段只讲一件事，一段只包含几行

基本方针：一个段落叙述一条信息

写文章的基本方针之一是：一句话中只叙述一条信息，同时也要遵循一个段落只叙述一条信息的原则。段落由句子（以句号为划分标志）构成。一个段落中的几句话组合起来，共同传达一条信息。

例如，第一段要传达的信息：健康是最重要的，要注意身体健康。仅仅这一句话显然是没有说服力的，可以再补充说明几句："身体不适，导致情绪也跟着低落""外出也变得麻烦""脚步变得不稳""做什么都不开心"等等，共同构成一个段落。

当想要传达新的信息，比如"增进健康的方法"时，那么，另起一段来写即可。

写文章时，每个段落只表述一条信息，这样会更加通俗易懂。

每隔几行另起一段，读起来更简明

近几年的畅销书，格式上有个共同特征：每段只有两三行，很简短。原因之一是越来越多的人开始用小屏幕的智能手机阅读。在这个

背景下，简明扼要的短文比起长文自然更受欢迎。

书写每一段的时候，一定要事先明确本段主要表达什么内容，然后用大约 20 个字简单地记下来。如果作者自己都忘记了要写的内容，那么也就无从下笔了。

明确每个段落的主要内容

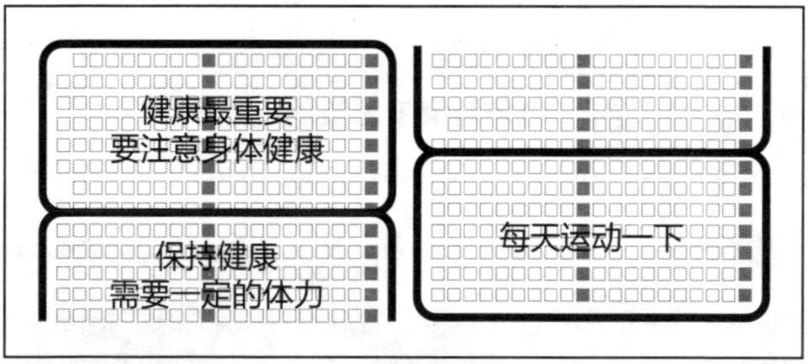

●变换话题的时候另起一段
→每段只讲一件事
●每6行左右另起一段，不仅写起来简单，读起来也容易

案例32

自由调节文章篇幅的技巧

写不出东西束手无策的无逻辑君

无逻辑君虽然也能写出文章来，但他不知道怎么才能多写点。最初设定的目标是，每个小标题要包含500字左右，这对于无逻辑君来说简直难如登天。他知道自己要写什么，但最多只能写出300字内容，剩余200字任务无论如何也完成不了，他甚至连勉强添加“てにをは”（相当于中文着、了、过这样的助词）这样的助词来凑字数或是修改词尾的方法都用上了，也只不过多出十来个字。究竟怎样才能多写一点呢？无逻辑君找不到解决方法，被困在原地停滞不前。

无逻辑君的牢骚

我也想多写一点，可是真的写不出来。

要不，我就再添加几个小标题吧，这样每个小标题下面只写300字就够了。可是，已经动笔了，再回过头修改目录的话，实在是一项大工程，太困难了。到底有没有好办法呢？

能够自由调节文字数量的逻辑君

逻辑君能做到按照自己的意愿自由调整文字数，这是因为他熟知增减文字数量的诀窍——举例子。

一个“例如”后面，可以一口气写上 100 ~ 200 字的事例。反之，如果字数超出了标准，那就删掉一个事例，便能减少许多字数了。

就这样，逻辑君通过举例子的方法，轻松、灵活地调节文章内容和字数，最终按期完成了论文。

逻辑君的主张：运用事例进行说明就能轻松地增加文字数量。

如果只需要调节十来个字，使用添加“てにをは”这些助词或修改词尾的方法倒是能实现。但如果要调节 100 多字，只凭这些雕虫小技肯定是做不到的，需要用添加事例的办法来解决。这样也能帮助读者在头脑中描绘出具体的影像，从而加深理解。推荐大家一定要试试这个技巧，真的非常好用。

需要牢记的逻辑理论之——神奇的词语“例如”，帮你大幅增减文字数量

“例如”二字是文章的膨胀剂

在写文章的时候，你是否曾因为还想多写几行却已经无话可说而焦急万分？或是想要删减一些文字，为了减去句尾的助词而反反复复地阅读？一遍遍重复地读肯定很累吧？而且，如果需要删减一百多字的话，那是无论如何也做不到的。

而“例如”二字，可以作为文章的膨胀剂来使用。在增加或减少文字数量的时候，要记得还有“例如”这个神奇的词语可以助你一臂之力。在文章中加上一个“例如”，就能再多写上两三行。反之，减去一个“例如”，也能一下子减少一定的文字量。

“例如”后面具体要描述的内容包括：前文提到的注意事项，用具体事例来说明。“早晨不要迟到”的后面可以接着写，“例如：每天早晨提前十分钟出门，留出一点富余时间，乘车时就不必慌慌张张了”。

◆ 让简明易懂的文章帮你带来众多的读者吧

推荐大家在电脑的文字转换功能中，添加一个“た＝たとえば（例如）”的快捷键试试看。每当字数不够的时候，就顺手加上一个“例如”，来强迫自己不得不写点什么来凑够字数。

在文中加入一些身边的具体事例辅助说明，也能在很大程度上帮助读者更好地理解文章内容。这样的文章更加通俗易懂。

如今，越来越多的人开始在 SNS 等网站上写日志，每一个人都是作家。所以，把文章写得更加简明易懂一些吧，这样才能让自己的读者越来越多。

文章的膨松剂——例如

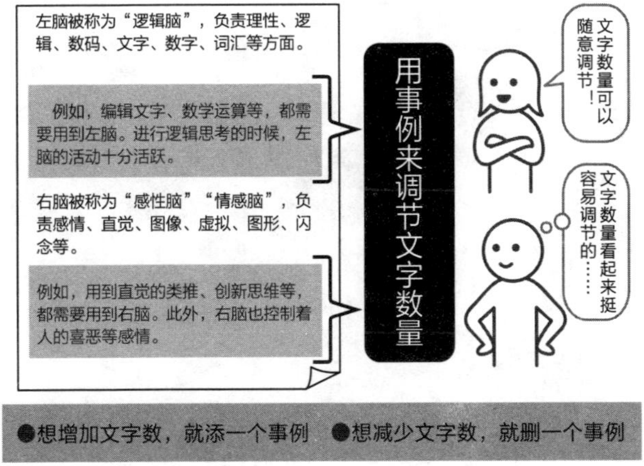

帮助不善言辞的人谈话不冷场的技巧

PART 5

案例33

一对一交谈的场合

说完自己想说的话就离场的无逻辑君

无逻辑君是个自我感觉良好的话痨。曾经有同期入职的同事说他“只顾自己说个痛快，好像在做个人秀一样”。不过，该同事属于不善言辞的类型，无逻辑君对他的话并没有在意，只是觉得“既然别人想评论，就让人家说好了”。

可是最近，上司也对无逻辑君说：“我觉得和你无法沟通……”

无逻辑君的牢骚

明星不也是一样，越是能言善道的人气越高吗？

会说话的人，难道不是指那些话多还不招人烦的人吗？大家还说我“个人秀”“无法沟通”什么的，真是太过分了。不过说实在的，最近在工作中确实感到不太踏实啊。

擅长交流的逻辑君

逻辑君虽然不是那种喜欢主动发言的性格，但只要他在场，大家就会相谈甚欢，气氛一片融洽。

逻辑君擅长的是打开话题，当他看到在场者中有人沉默不语时，就立刻把话题引向这个人。比如问一句：“最近是不是有了新的爱好？”这样，就可以帮助沉默的人自然而然参与到谈话当中了。

我们经常在电视上看到，经验丰富的主持人懂得怎样把话题巧妙地引到出场者身上。或许，逻辑君正是这样的人。只要他在场，大家就不愁没有话题聊。

逻辑君的主张：交流是建立信任关系的第一步。

说话的方式有两种：单方面一对多的“演讲式”，双方频繁互通信息的“交流式”。在对话过程中，要时刻保持双方互动的沟通形式，通过频繁地相互交换信息，构建相互信任的关系。

交流是指双方信息的交换过程

说话的方式有两种。第一种是本章中介绍的“交流”，也就是双方相互交换信息。每一位参加者都是交流过程中的主人公。

第二种是“演讲”，也就是一对多的信息交换，由一个人提供所有的信息。无逻辑君自认为擅长的其实是这种方式，具体将在第 6 章中介绍。

在交流的场合，如果有一个人开始以演讲的形式和大家说话，交流就无法继续下去。无逻辑君的上司和同事指出的正是这一点。

所谓交流，是指双方的信息交换。双方互通信息，相互理解，对于对方的满意度也会提高，加强相互信任。所以，在交流时很重要的一点是：多选择对方容易理解和感兴趣的话题。

回答对方希望听到的内容

聊天时，你是否每次都会回答对方希望听到的答案呢？如果对方问：“好期待下次的连休啊，准备去哪儿玩？”你却回答道：“休息日也累得很呢。”这个答案一定不是对方想听到的，双方也无法继续交流了。

当一个人提出问题后，内心是希望对方也能回问自己一句相同问题的。比如，当对方问“下周末准备干吗”的时候，回答完他的问题，再问他一句“你呢”，正中其下怀，这样才能越聊越开心。

个人秀和沟通的区别

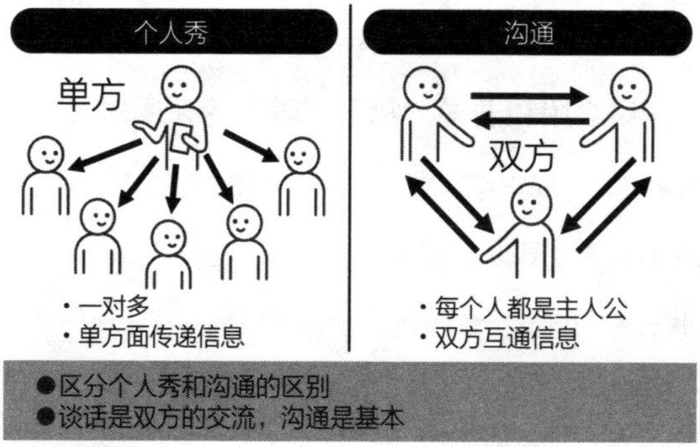

案例 34

听别人说话的方式也大有讲究

只会附和着说“嗯”“哦”的无逻辑君

无逻辑君和妻子在家里聊天。

“和我关系很好的一位前辈下个月就要离职了……”

“哦。”

“我想下次去那家店逛逛。”

“嗯。”

“我可能四月份就要调到别的部门了。”

“啊？”

“我一直觉得，你根本没有在听我说话。”

妻子的语调突然就变了，无逻辑君一下子愣在那里。

无逻辑君的牢骚

附和别人也累得很呢。

明明在认真附和，却被对方说“根本没有在听”，真是无语。我到底要怎么听你说话呢？能不能不要挑剔我听你讲话的方式啊？我可是从来不对别人做这样的要求。

重复一遍对方讲过的话的逻辑君

逻辑君身边的人都认为，他是一个很好的倾听者。前几天，部门的同期同事和逻辑君聊天时说道：“上周五去大阪出了趟差，在那边住了一晚。”逻辑君随即附和：“是上周去的吗？”“你去了大阪啊！”“周五还要出差呀……”同事很高兴，继续和他聊了起来。

接着，逻辑君又问：“怎么样，好玩吗？”“路上有没有遇到什么有趣的事？”于是同事也聊得越来越起劲：“嗯，是这样的！”他很喜欢和逻辑君相处。

逻辑君的主张：即便是鹦鹉学舌般的重复，也会令对方满意。

听对方说话的时候，只是抽象地附和一些“是吗”“嗯”“啊”之类的话，是毫无意义的。这些看似万能的帮腔，实际上不用听对方讲话的内容，也能随口道来。因此会让对方觉得，你并没有在听他讲话。如果能一边听，一边重复几个对方刚刚说过的词语，就会令对方感到你确实是在认真听他讲话。如果再稍稍问对方几个问题，就会聊得更愉快。

积累每一个 YES，取得对方信任

只会用“嗯”“啊”这样的话来回应的人，算不上一个好的倾听者。正如逻辑君所言，这样随随便便的附和，会让对方无法判断你是不是真的在认真听，因而感到不安。

有一个简单的方法，可以让对方知道你在认真听他讲话，那就是：适当重复对方说过的话。例如，当对方告诉你“之前去福冈出差了一趟”时，可以这样回应他：“福冈吗……”“出差吗……”，这样做会让对方不知不觉地把你当作一个理解他的人来看待。

还有一种附和的方式，能让对方感到愉悦，那就是：把对方的心情用语言描述出来。比如，对方兴高采烈地讲话时，可以附和着说：“看来你很开心呀。”一旦说中了对方的心思，就会让他不由得觉得你是个“懂他的人”，是个很好的倾听者，接下来也会聊得更加愉快。

重复对方说过的话，或者把对方的心情用语言描述出来，适当运用这两种方法，能够帮助你获得对方的信任。

◆ 成人之间对话的基本技巧

举个例子来说，当你夸赞对方“衣服真好看”，而对方却回应你一句“不会吧，难道不觉得这衣服很怪吗？”这时你一定会觉得心情有些复杂吧。

虽然不同意对方的观点，但也不想让对方为难的时候，可以先表示肯定，再提出自己的意见。可以这样说：“不过，这样你觉得如何？”这是一个很好用的技巧。

先别急着否定，而是首先接纳对方的观点，接着再提出自己的意见，这样就不会让对方觉得难堪。作为成年人，这种 Yes-But 型对话方法是最基本的原则。

表达否定态度，同时又不让对方感到难堪的方法

“YES-BUT法”

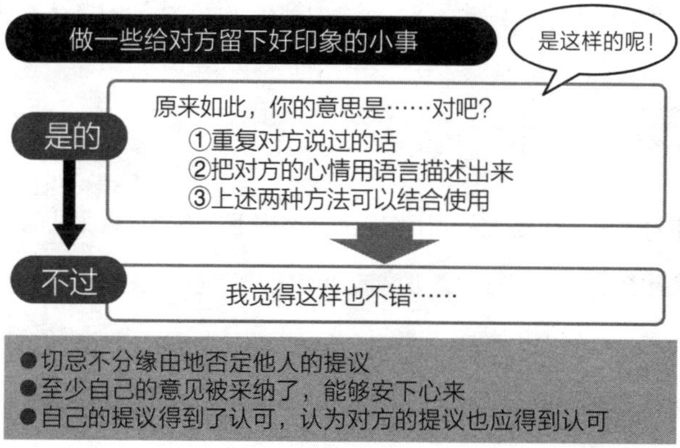

案例 35

怎样说服原本不理解自己的人?

安排工作时，只针对要办的事情进行说明的无逻辑君

无逻辑君第一次当上股长，可部下们并不服从他的指挥，这令他喜忧参半。比如，当无逻辑君要求部下“今天把报价单交上来”时，部下会反问：“为什么这件事要我来负责呢？”又比如，无逻辑君要求“把这几件商品定为这个月的重点销售对象”时，部下又会问：“为什么是这几件商品呢？”诸如此类的事情不断发生。无逻辑君无法理解部下们的行为，他甚至觉得，部下们是在欺负新上任的自己。

无逻辑君的牢骚

作为上司，我是在安排工作，为什么部下们不能认真服从呢?

为什么这帮部下每次都要和我顶嘴呢？肯定是故意欺负我的。看来不得不对他们态度强硬一点了，从明天起，我得试着要求他们“不许顶嘴，抓紧干活儿！”

会问对方一句“有什么疑问吗？”的逻辑君

逻辑君刚当上股长。第一次拥有手下的他稍稍有些为难，因为自己之前也一直是喜欢反问上司的人。逻辑君的口头禅是：“为什么呢？”每当不理解上司的决定时，他就会反复追问原因。

如果不清楚上司做决定的原因，就没有干劲，逻辑君之前有过很多次这样的经历；而一旦了解了原因，就会怀着使命感全力以赴地去做。

正因为自己有过这样的经历，逻辑君在给部下安排工作的时候，总会解释说明这样安排的原因。如果部下依然表示不解，逻辑君便会问他们：“有什么疑问或者意见吗？”

逻辑君的主张：安排工作的同时说明原因，对方才会理解你的用意。

如果内心存有疑问，是无法理解对方用意的吧。所以一定要具体说明原因，比如“为什么需要这样做”“为什么要他来负责这件事”“为什么采用这种方法”等等。如果对方心存疑问的话是无法顺利交流的。而消除对方的疑问，有一个简便方法，那就是直接问他：“有什么疑问吗？”

需要牢记的逻辑理论之——打消对方的疑问，就很容易得到对方的理解了

◆ 一个心存疑问的人是无法被说服的

交流的过程需要双方互相交换信息。如果对方心里存有疑问，那么交流就无法继续下去。举例来说，当你发现了一个不错的健身房，邀请对方一起去锻炼时，得到的答复是“健身房的会费太贵了”，这意味着对方并不想去。而提议者为了说服对方，大概会拼命宣传健身房的好处。然而，对方真正介意的是价格，如果不解决这个问题，那么无论如何也是无法说服他的。所以，还是试着打消对方心里关于价格的顾虑试试看吧，只有这样才能说服他。

打消对方的顾虑有一个简单的方法，就是直接问他“有什么疑问吗”，如果对方回答“我觉得价格有点贵”，就知道他在顾虑什么了。用合理的方式打消对方的顾虑，对方才会逐渐认同你的观点。比如，可以告诉他，“公共设施不收会费”，这样对方也许就会想要去试试看。

◆ 演讲的方式容易让听众产生疑问

用演讲的方式讲话，很容易让对方内心产生疑问。举个常见的例子，

人们在向对方推荐一件事物的时候，往往会用力过猛，结果变成单方面说个不停的演讲式。

对方不赞同你的观点，很可能是因为他不理解这个话题。在交流的时候，一定要给对方说话和提出疑问的机会。有的人会因为担心冷场而一直说个不停。但还是要注意尽量留出一些空白，留给对方说话的机会。稍作沉默，安静一小会儿，给对方创造一个能够提出疑问的环境。

只有打消对方的顾虑，才能获得他的理解

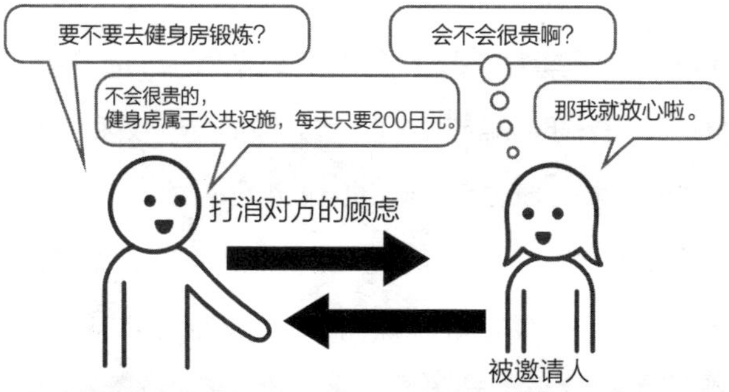

●察觉到对方介意“价格贵”的问题，立刻想办法打消了对方的顾虑

案例 36

午休时间和同事没有话题聊怎么办?

只聊自己感兴趣的话题的无逻辑君

午休时间，无逻辑君和另外两个同事一起聊天，聊到了周末去看足球比赛的事。因为行程已经确定下来了，这个话题便告一段落。无逻辑君觉得沉默的气氛很尴尬，于是又聊起了自己的新爱好。此后，直到休息时间结束,都是无逻辑君一个人在滔滔不绝地讲,而其他两人似乎根本不感兴趣。无逻辑君是一个害怕冷场的人，不说点什么，总觉得不尽兴。

无逻辑君的牢骚

话题一旦中断了，就不知道接下来该聊些什么。

我最害怕的就是冷场了，所以，一旦大家没有话题聊了，我就只能一个人接着说下去。可最近发现，大家根本不关心我说话的内容。我可是好不容易才找到话题，不让场面尴尬的，为什么大家不能配合我一下呢?

为了拓宽话题范围而向对方提问的逻辑君

午休时间，逻辑君和其他两名同事聊起周末要去看足球比赛的话题。因为行程已经确定下来了，这个话题便告一段落。于是逻辑君问同事："你喜欢哪支队伍？""支持哪位选手？"自然而然地，他们又聊起了足球相关的话题。

之后，几个人又从体育方面的话题聊到了橄榄球选手五郎丸。于是逻辑君又问："九州姓五郎丸的人好像挺多的。你们猜，有没有姓一郎丸、二郎丸、三郎丸的人呢？"同事告诉他，除了八郎丸之外，从一郎丸到九郎丸的姓氏都有。就这样，逻辑君巧妙地寻找话题，让宝贵的休息时间变得趣味横生。

逻辑君的主张：让对方多说一些。

俗话说，善于沟通的人，其实就是善于提问的人。对于这句话，我们可以理解为：善于沟通的人，并非"善于听话"，而是"善于提问"的人。"提问"是指向对方询问、发问的意思。如果觉得沉默的场面太尴尬，那么就让对方多说一些，而不是自说自话，这样的气氛才会更让人舒服。比起自己一个人侃侃而谈，这样做也能让自己获得更多的信息，而且，只要向对方提问就可以了，方便省事。所以说，善于沟通的人，其实就是善于提问的人。

需要牢记的逻辑理论之——如果你是个不擅长寻找话题和聊天的人，就多多提问吧

◆ 不擅长说话的人，就试着让自己变得善于提问吧

俗话说得好，善于沟通的人，也就是善于提问的人。之所以这么说，是因为善于沟通的人，不仅仅善于听话，还善于倾听、善于提问，用英语来表达这三个“善于”，就是善于 hearing、listening 和 asking。也就是说，通过提问对方，能让自己变得善于说话。

如果你担心会冷场，那么，与其一味地讲自己的事，不如多提问对方一些问题。这样做的好处有三点：

第一，讲话的对方，对于谈话的参与度和满足感有所提高。第二，能收获更多信息。因为自己讲话给别人听，是无法接收到新信息的。第三，能让不善于讲话的人不再害怕冷场。不善沟通的人，如果明白，在冷场的时候向对方提问便可以化解尴尬这个道理，就会自在许多。

◆ 首先，你需要了解对方

只有了解对方的兴趣爱好、擅长的领域、关注的事情等信息，才能向他提出问题。提问对方感兴趣的或者擅长的事情，才能聊得

更愉快。

最好是提问对方一些他希望你问的问题。为此，最简便的方法就是直接问他“最近有什么兴趣爱好吗”，从而引出对方想聊的话题。如果从心里觉得找话和对方聊是自己的义务，反而会找不到话题。其实，善于沟通的人，往往是从对方身上寻找话题的。

善于沟通，其实就是善于提问

- 提问，让沟通更顺畅
- 善于提问的人，根本不需要拼命寻找话题

案例 37

巧妙地让对方说出内心想法的方法

无逻辑君提出的问题，只能用YES或NO来回答

无逻辑君即便向对方提出了问题，之后也依然聊不起来。举个例子，他会问“你喜欢看体育比赛吗”一类的问题，对方回答他一句“喜欢”，就没有下文了。因为怕冷场，无逻辑君又接着问“你经常看电视吗”，对方回答“不常看”。这样反反复复几个回合，连旁观者都觉得无逻辑君是在审问对方。而对方也在心里埋怨无逻辑君：“能不能问几个有水准的问题啊。”和无逻辑君聊天，永远只有那么可怜的几个话题。

无逻辑君的牢骚

只会回答 YES 或 NO，不懂得沟通的人还真多啊。

不是说多提问就能找到继续聊下去的话题吗？可我明明提问了，对方却不给回应，只是简单地回答一个“是”或“不是”。我希望对方也能上点心，和不善于沟通的人讲话真是太累了。

逻辑君能够正确判断什么时候该把话题打开，什么时候该把话题收回来

逻辑君懂得怎样利用提问的方式打开话题。比如，他会问“昨天有什么好玩的事吗”，于是对方接下来会和他聊很多很多。

逻辑君在主持会议时，总是为参会者提供发表意见的机会。一句“请大家畅所欲言，提出扩大销量的好办法”，便收集到了很多好主意。会议快结束的时候，又请“同意的人和不同意的人，分别举手示意”，这样来统计结果。至于什么时候该把话题打开，什么时候又该把话题收回来，逻辑君每次都能做出正确的判断。

逻辑君的主张：什么时候该把话题打开，什么时候该把话题收回来，这才是关键。

什么时候该把话题打开，什么时候该把话题收回来，明确这一点至关重要。需要打开话题的时候，应展示出“自由发表意见”的态度。

统计结果的时候，需要问大家是否同意。如果打开话题和收拢话题这两件事同时做的话，则会导致意见不一致的结果。

需要牢记的逻辑理论之——开放式提问与收拢式提问

◆ 用开放式提问法打开话题

提问方法大致可以分为两种：一是打开话题的开放式提问；二是得出“是或否”的结论的收拢式提问。在谈话或开会的前半段可以采用开放式的提问方法，广泛收集意见，提高解决问题的可能性。

会议的后半段，则需要用到收拢式的提问方法。将参会人员分为赞成者和反对者两类，以得出结论，这就属于收拢式的提问。

“从发散到聚集”，是思考过程的基本（参照本书第 72 页）。开放式提问对于发散过程有所帮助，可以问大家“有没有什么意见”“这个问题你怎么看”等问题，广泛采集意见，让每个人自由发言。

上司在要求部下思考问题的时候，可以适当运用开放式的提问方法，比如“有没有更好的方法呢”“如果是你的话会怎么做呢”等等。

◆ 用收拢式提问法得出结论

收拢式提问法，即通过 YES 或 NO 来得出结论的方法。会议过程中，主持人会先通过开放式提问来采集意见，再通过收拢式提问，要求“赞成的人请举手”，来得出大多数人赞成的结论。

对于参会者来说，一上来就公布决定的做法难以让他们满意。如果一开始就告诉大家，“这次要裁掉三个人”，再问“你们觉得这样如何”，那么肯定不会有人愿意参加讨论。而如果首先征求大家的意见，“你们觉得怎样才能实现盈利呢？”这样就会得到参会者更多的理解。

开放式提问与收拢式提问的区别

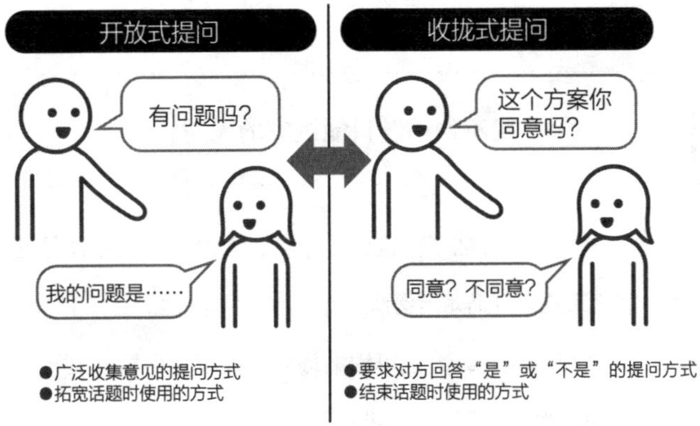

案例38

谈话陷入僵局的时候该怎么办?

找不到话题只能沉默的无逻辑君

无逻辑君最近参加了一次同学聚会，大家已经五年没见面了。刚开始，聊起现在的工作和生活环境，气氛很是热烈。可过了半个小时，能聊的话题都聊完了，无话可说的场面让人很是尴尬。对于之前只顾自说自话的行为，无逻辑君也进行了反省，于是这次他不再多讲话了，而是闷头喝酒，一不小心还喝多了。周围的同学相谈甚欢，而无逻辑君始终不能理解：为什么他们能聊那么久?

无逻辑君的牢骚

一旦沉默下来，就不知该说些什么了。

五年没见面的人，已经没有共同话题可聊了。实际上，不管是同学会还是同事聚会，我都不知道该怎么寻找话题。和同事一起喝酒的时候也是，说着说着就开始抱怨工作的事情。虽然这样也能减轻一些压力，但没什么实际意义，只是一场空虚的酒会罢了。

通过关键词引起新话题的逻辑君

逻辑君很擅长在同学会或同事聚会上抛出各种各样的话题。白天的休息时间里大家聚在一起闲聊，逻辑君也总能把气氛活跃起来。

逻辑君在发起新话题的时候，会特别注意把之前的话题和新话题联系起来，具体方法就是通过关键词。比如，现在正讨论的话题中提到了“工作中的辛苦”，逻辑君就会由“工作”或者“辛苦”过渡到新的话题。如果在讨论工作中的辛苦时，提到了“性格奇葩的顾客”，逻辑君又会问道：“还有没有其他方面奇葩的顾客呢？”也就是说，逻辑君很善于通过一个个关键词把多个话题联系到一起。

逻辑君的主张：从正在聊的话题中寻找关键词。

关键词也是有技巧的，要找到能帮助我们打开话题的那些。如果觉得话题快要穷尽了，那就赶紧找到合适的词汇来启发话题吧。比如，从“足球”联想到“看比赛”，再到“比赛门票”“电影票”，最后聊到“电影”，像接龙游戏一样，这样话题就永远不会结束。

需要牢记的逻辑理论之——巧用关键词，不让对话中断

发动右脑的力量检索记忆库

关键词是对话内容的关键所在。当左脑识别到一个词语之后，右脑便开始在记忆库中搜寻与之相关的内容。可以说，是关键词打开了记忆之门。比如，在讨论“下个月去关岛旅游”时，如果这个话题已经聊完了，就从“下个月”“关岛”“出国旅游”这些关键词下手，自然而然地开发出新话题。

人在休息放松的时候，精神状态较为愉悦，这时，右脑能够自由地运转，因此打开记忆库也变得更容易一些，此时人的思维活跃而丰富，话题也会不断涌现。

反之，人在紧张或焦躁的时候，右脑会变得混乱不堪，思维也随之僵化。当一个人觉得“必须要找点什么话题聊才好”是一项义务的时候，左脑就会变得紧张，右脑的记忆库也难以调动，即使有关键词存在，也想不出可以聊的话题。

为什么有的人喝高了之后就会说个不停？

如果无论如何也想不出话题的时候，不妨试试“酩酊法”，也许

它可以帮到你。这种方法的奇妙之处在于，越是喝得酩酊大醉，越是能够唤起潜在的话题点。这是因为醉酒的时候，右脑处于放松状态，记忆库之门大开，新的点子不断涌现也就不难理解了。

在收集点子的时候，处理好“紧张与放松”的关系会让采集过程变得高效。如果公司里的气氛一直很紧张，那么在会议上很可能无法获得好的提案。不妨在傍晚开个联欢会，让大家放松一下，就能顺利地采集到好主意了。同理，在商讨改革方案的时候，也可以带着员工们出去玩个两天一夜，一边玩一边讨论工作，这样可以增强亲近感和凝聚力。

通过关键词发散话题

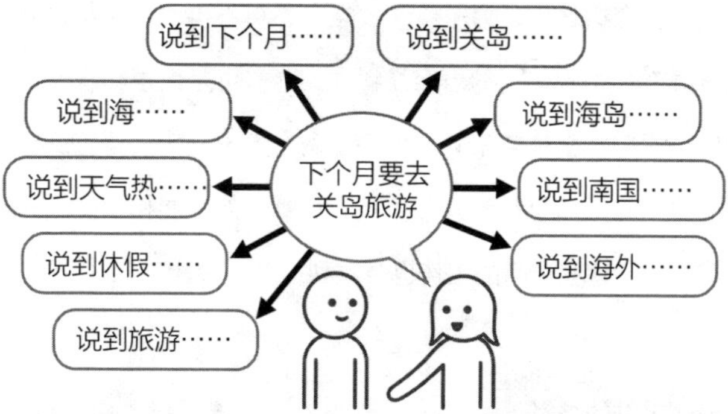

●通过关键词，可以找到无穷无尽的新话题

案例39

不知道和初次见面的人说什么该怎么办?

找不到话题而沉默尴尬的无逻辑君

无逻辑君最发愁的是，上门拜访一家之前没接触过的新公司。互相做过自我介绍之后，为了缓和气氛，不得不再寒暄几句，因为如果刚刚接触就开始聊公司的事会显得太突兀。可是无逻辑君不知道在这个时候该找些什么话题来聊，如果是两个人一同前去拜访倒还好，一个人单枪匹马的话总是会紧张，接着沉默。如果能和初次见面的人亲热地聊几句，营业访问的工作也会顺利很多。

无逻辑君的牢骚

如果能和初次见面的人闲聊几句，接下来的营业工作也会变得顺利，可是……

我总是不知道该和初次见面的人说些什么，闲聊这事对我来说太难了。第一次拜访一家新公司的时候，我总是一做完自我介绍，就立刻开始讲起工作上的事情。确实这样会显得有些生硬，但若要我勉强找话和对方聊会更难受，还不如就这样算了。

能找到和对方之间的共同话题来缓和气氛的逻辑君

逻辑君做起拜访新公司的工作来十分得心应手。

当然了，在拜访之前，逻辑君会事先查好对方公司的主要业务内容，甚至细到老总的姓名、简历、经营方针等，并记在脑中。因为这些内容在拜访的时候，都可以作为和对方交流的话题。

双方有了共同话题，交流起来就会变得容易很多。类似天气、新闻等都可以作为话题。如果对方对于经济方面的话题比较敏感，则可以选取当下的热点新闻，尤其是经济新闻、《日经新闻》的头版新闻等，会达到事半功倍的效果。

逻辑君的主张：要重视信息的收集，并拓宽兴趣范围。

找到共同话题，就能和初次见面的人顺利进行沟通。事先了解对方公司的信息，不仅可以作为见面时的共同话题，还可以让对方感受到自己对对方公司的关注，从而提升对方对自己的好感度。

此外，经济新闻、《日经新闻》的头版内容也可以用来作为话题，这会让对方觉得你是个关心时事的人，打起交道来也更容易一些。

日常生活中留意收集信息

有了共同的话题，就不愁没话聊。所谓共同话题，大致可以分为三类。

第一类，兴趣爱好等个人话题。一群拥有共同兴趣爱好的人聚在一起，肯定会聊得热火朝天。

第二类，公司或组织内的话题。同一个组织或协会的成员聚在一起，也很容易找到共同话题。

第三类，新闻、天气等社会话题。即便和初次见面的人，也可以就这些话题聊上几句。比如，经济新闻、对经营活动产生影响的社会新闻，还有天气情况等，都可以作为共同话题。

从事销售工作，经常要与人打交道，这就需要时刻关注社会话题的动态。如果在交流中，别人提到一个热点新闻，而你对此一无所知的话，就会被贴上“没见识”的标签。当然，如果装作很懂的样子，一股脑儿地向对方灌输自己的观点，也会给对方造成困扰，只有怀着谦虚的态度，才能让别人感受到你的智慧。

多关注对方一些，才能聊得更欢

想要和对方变得更亲密一些，那么首先需要关注、了解对方的兴趣、爱好、关注的事情、个人信息等，这样才能在谈话时拉近距离。其中个人信息包括出生地、生日、专业领域等信息。所以，第一步要做的是关注对方，对其产生兴趣。

孙子曰：知己知彼，百战不殆。在接待别人时，如果事先了解对方的饮食爱好，就能安排得更贴心。抱着请教对方的态度询问，自己也能收获更多的信息。还有，如果事先了解对方的忌讳，就可以避免在接触过程中做出使对方不悦的事情。

有了共同话题，即使是初次见面的人也能愉快交谈

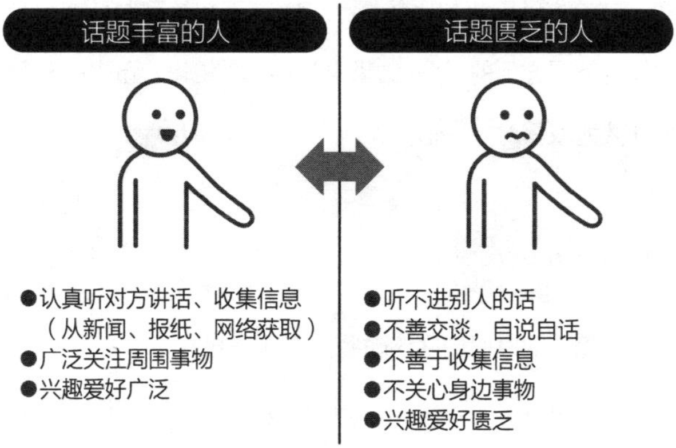

案例 40

比起初次见面，第二次见面更不知该说些什么

对上次的事表示感谢之后，不知该聊些什么的无逻辑君

对于和初次见面的人找到共同话题的重要性，无逻辑君其实也略知一二。但第二次见面的时候，依然不知道该说些什么。无逻辑君觉得，对上次的事表示感谢之后，接下来立刻就说起营业方面的事情会显得不自然，应该先闲聊几句比较好，可实在不知该聊些什么。最后硬聊了几句经济新闻方面的话题，结果也是不尽如人意。无逻辑君很想知道，究竟怎样才能取得对方的信任。

无逻辑君的牢骚

第二次见面的时候到底该聊些什么才好呢？

第二次见面时，聊些什么才能让对方感兴趣呢？初次见面，可以形式化地聊聊新闻之类的，而第二次见面再聊天时，就应该考虑到构建信任关系的问题了。可我依然不知道该怎么办，找个话题怎么就这么难呢？

提起上次见面时的趣事的逻辑君

逻辑君对上次的事表示感谢之后，又提起了上次见面时的趣事。这让对方十分佩服，感叹道：“你居然还记得呢！”接着，逻辑君又和对方聊起了兴趣爱好方面的话题，这让对方不自觉地对逻辑君充满好感，两个人之间的距离一下子拉近了许多，逻辑君在对方心里也留下了深刻的印象。

想想看，一个关注自己的人，和一个对自己毫不在意的人，你愿意和其中哪一个来往呢？我想大多数人都会选择关注自己的那个吧。潜意识里，比起称呼自己“您”的人，会觉得称呼自己“某某先生/女士”的人更亲切，因为这会让对方觉得“他很重视我”，而来自对方的好感度也会随之提升。

逻辑君的主张：聊一聊上次见面的事情，能提升对方对自己的好感度。

聊起上次见面发生的事，能帮助对方回想起上次见面的过程，从而增强亲近感，提升好感度。最好不要提到令人不悦的话题，或是会让双方关系倒退的话题。让对方想起愉快的事情，这在不知不觉中传达了一种“我们之间的关系很亲密”的信息，也让对方觉得“他记得这么清楚，说明对我还是很重视的”，于是双方的距离也拉近了。

需要牢记的逻辑理论之——第二次见面时，聊一聊上次发生的事，会提升好感度

通过提醒的方式提升好感度和亲近感

在工作中或是私人场合，与某人第二次见面时，可以用提醒的方式来拉近和对方的关系。所谓提醒，是指通过某种方式提示对方想起快要忘记的事情。比如在开会的前一天邮件通知“明天下午 4 点开例会”，收到邮件的人一定会对开会的事情印象深刻。

想要给对方留下印象，不妨试试这种提醒的方法。比如，有几十家客户来到材料部门谈销售工作的情况下，即便上门进行营业访问，也很难让对方从几十人中记住自己。于是第二次见面时，特意和对方聊起上次见面说起的事情，例如“你喜欢棒球对吧”“我对你印象挺深的”等等，间接地提高自己在对方心目中的好感度。之后再说到“上次我们聊了关于……的事情”“上次的事我记得特别清楚”，这会让对方在潜意识里觉得自己“不会敷衍了事”。所以说利用提醒的效果可以提升好感度，增强亲近感，让对方觉得“双方的关系会越来越好”。

◆ 记录和重要人物之间的对话

人的记忆力是有极限的，因此，为了更好地发挥提醒的作用，和重要人物商讨完之后，一定要把要点记录下来。

讨论的工作内容自然是很重要的，不过，把闲聊的话题、对方的兴趣爱好、关注的话题、属性等记录下来也是必不可少的环节。比如，对方说到“某某拉面店的口味特别棒”，就把这条信息记下来，以备下次使用。大多数人感受到对方“还记得我”“在关注我”的时候，就会放下防备，好感度也随之提升。

第二次见面时，提醒（再度确认）的方式行之有效

说服对方的技巧

PART 6

案例 41

企划书明明写得很精彩，为什么没有通过审批呢？

写出漂亮的企划书却未受到好评的无逻辑君

无逻辑君写出了一份非常漂亮的企划书，每个人看过后都觉得内容总结得十分到位。可偏偏在展示环节掉了链子，虽然把想要表达的内容说清楚了，但总让人觉得热情不够。甚至连客户听了之后都不敢确定：无逻辑君到底想不想把商品卖出去？最终，客户给出的答复是“回去再商量商量，下次再说”，合同自然也没有签成。

无逻辑君的牢骚

按理说看过企划书，就应该明白我想要表达的意思了啊。

我以为只要写出一份好的企划书，客户看了就能明白想要表达的意思。我不擅长演讲，找不到合适的语言来表达，所以只能事先写好稿子，把想要表达的内容列出来，到时候带上台照着念。

善于展示，并受到一致好评的逻辑君

逻辑君将整个展示环节分为三个阶段。他认为，编写企划书只是事前准备的一部分，属于“预先展示”。在客户面前做展示才是关键环节。此外，从展示前后的答疑环节，到客户订货为止的过程，属于“后续展示”。

即便企划书写得再漂亮，如果正式展示的时候，一脸不自信地讲话或是机械地照着稿子念，都无法将想要表达的内容传达给听众。因此，不善于演讲的人、表达不出热情的人，他们的演讲都不具有说服力。当今社会的信息量越来越大，越来越要求人们在进行说明的时候，尽量概括得简明扼要一些。而后续展示作为最后的环节，也十分重要。

逻辑君的主张：抓住展示的机会，与竞争对手拉开差距。

在能力相同、成果相同的情况下，只能通过展示环节来一决高下了，这是战胜对手的绝佳机会，一定要牢牢把握住。

展示就是说服对方的过程。难得有这样一个让别人听自己讲话的机会，一定要抓住一切机会说服对方。

需要牢记的逻辑理论之——在当今时代，要学会利用展示的机会打败对手

◆ 展示环节就是说服对方的过程

所谓展示，就是说服对方的过程。“说服”一词又可以从两个层面来理解：“说明”和“获得”。“获得”，是指对方信服，自己收获订单的成果。展示可以带来很多益处。在能力相同、成果相同的情况下，只能通过展示环节来一决高下。在企划会议、报告会、讲演会、说明会、商谈会等场合，经常需要做展示。

对于个人而言，展示有什么好处呢？答案是：开始进行一项新的工作、受到更高的评价、收获新的机会等等。那么，对于听者而言，可以从展示中期待什么呢？答案是：获得对方的理解、对方愉快地接受、激发对方的干劲、与对方成为朋友等等。

想要提出新方案并付诸实施，需要学会展示。想要让今后的路走得更顺利，则需要提高自己的展示能力。

◆ 展示的三个环节

展示大致可以分为三个环节。第一环节，预先展示，即事前的准

备工作。此时，展示的过程就已经开始了。

第二环节，正式展示。如果事先已经做好了充分准备，就不用担心了，只要把准备好的内容全部展现出来即可。如果心里想着非要在展示当天发挥出 120% 的实力不可，那么到头来很有可能白忙一场。

第三环节，后续展示。这一环节从答疑阶段开始。再努力最后一把，这一环节也很重要。

展示的场合及目标

对自己而言	对对方而言
●开始新的工作	●获得对方的理解
●打破现状的契机	●感动对方
●获得尽可能高的评价	●使对方愉悦
●站在有利于自己的立场	●激发干劲
●创造机会	●成为合作伙伴

案例 42

需要在不同于平时的场合做报告时该怎么办？

焦急不安，前言不搭后语的无逻辑君

无逻辑君在展示时最大的问题就是犯焦虑症，甚至一想到要在人前发言就紧张，经常在展示前夜睡不好觉，导致睡眠不足。

向自己的上司汇报时，可以将错就错，敷衍过关。可是向上一级上司汇报的时候，总是因为紧张而大脑一片空白。越是想着“绝对不能出错”“一定要好好表现”，越是紧张得不能自已、语无伦次。

无逻辑君的牢骚

为什么我总会那么焦虑呢？大脑完全空白，发挥失常。

平时工作中表现得都很自然，可一到向上司汇报的时候大脑就一片空白，话都说不好。越是想着不能出错，结果越是焦虑不安，答疑的时间里也是一身冷汗，心里一直盼着：千万不要有人提问啊！

抱着“好好表达”的心态做展示的逻辑君

逻辑君对于展示的准备工作十分用心，一定要做到自己满意为止。他对自己的提案抱有充分的信心。如果对于企划书都没有自信的话，在展示时一定会焦虑不安。正因为如此，逻辑君在展示时始终自信满满，他能够很好地把“请您接纳这份优秀的企划书”的意思传达给听者。

展示的结尾，再带领听众重温一遍企划书的大致内容。最后，再明确一遍“主要内容是什么”“希望对方做出什么样的决定”等问题。对待答疑环节，逻辑君也抱着积极的态度。

逻辑君的主张：别想太多，带着自信上吧。

如果在展示时不够自信，就会过于在意听众的反应，无法集中精力，只要台下有一个人表现出异样的神情，自己就开始慌张，总是在担心“如果一会儿有人指出我的错误怎么办”等问题，无法把心思集中在展示本身。所以，还是自信一些为好，即便是“自我感觉良好”也可以。

需要牢记的逻辑理论之——想要心态平和其实很简单

告诉自己“要把想说的表达出来”

有些人患有焦虑症，每当在人前讲话就焦虑不安，本来准备好的内容忘得一干二净，大脑一片空白。这些人之所以会紧张、容易焦虑，是因为他们过于在意自己的发挥够不够好、有没有做错的地方等等。一旦开始考虑这些问题，就无法集中精力在展示本身上面，大脑随之变得一片空白。

想要摆脱焦虑状态，只有抛开一切杂念，告诉自己“把想说的好好表达出来”，到了展示当天，既然已经准备好的内容已经来不及再修改了，就只管集中精力，发挥出应有的水平就好。

不去过分在意听众的反应，自然就不会那么焦虑了。每位听众的反应也是各不相同的，虽然有的人看上去心不在焉，但如果此时能做到不在意这些，而是集中精力、用心去表达，台下欣赏你的人就会越来越多。其实听众并没有想象中那么神经质，他们只是按照自己习惯的方式在听台上人的讲话罢了。对于听众的每一个微小的动作和反应都过于在意，是完全没有必要的。

做好准备，即使失败了也不后悔

为了在展示当天你自信满满地上台，需要提前做好所有的准备，这样即使失败了也不后悔。这次已经发挥出自己目前的全部实力，下次继续努力，争取更大的进步就好。而如果事前没有做好充分的准备，现场发挥得不好，自己也会感到懊恼。

想一想，做展示的目的是什么？不就是为了让企划得到认可，获得一个机会吗？那么，此时不把自己的想法表达出来，更待何时呢？

心态平和地展示　意愿强烈地表达

●想着受到表扬，就心不在焉→不在意他人的评价
●考虑不必要的事情，无法集中精力→考虑目标问题

听我讲！听我讲！　一定要把想说的表达出来！

案例43

怎样在短短几分钟内做一场完美的展示？

说话啰唆的无逻辑君

上司总是指出无逻辑君说话啰唆的毛病。前些天在朋友的婚礼上，无逻辑君代表朋友们上台发言，讲了五分钟之后，终于说了句“最后要说的是……”，大家听了这话，本以为要结束了，没想到无逻辑君又来了句“总的来说是这样……”，继续讲了下去，前前后后加起来，总共说了十分钟才结束。可在场的人没有一个听明白无逻辑君的发言，不懂他到底要表达什么。

无逻辑君的牢骚

想说的太多了，根本停不下来。

我觉得自己的发言挺精彩的，想说的太多，根本停不下来，不知不觉就讲了十分钟。说了许多祝福的话，我想在场的人一定也很感动吧。

把发言内容分条整理好的逻辑君

逻辑君要在同事的婚礼上致辞，可最近工作太忙，经常加班，根本没有时间好好准备。到了婚礼当天，逻辑君才腾出时间来稍作准备，他一边嘴里嘟囔着“糟了糟了，来不及了，不过，最后肯定要祝福一句新婚快乐的。那么接下来就夸赞新郎几句吧，说三个优点差不多够了吧”，一边写下了几条笔记。

发言的时间到了，逻辑君按照自己草草准备的发言提纲上台讲话：“我们的新郎十分优秀，他的优秀体现在这几个方面，第一……第二……”虽然一听就知道是奉承话，但逻辑君分了三条来叙述，大家听得非常明白。

逻辑君的主张：分条进行说明，能让对方清楚地知道话题的转换点。

分条进行说明，会让听众觉得“这是一次认真准备的发言”，即便是临阵磨枪的发言稿也显得像模像样。

在做笔记和发言的时候，都分条来处理，不但能让听众听得更明白，自己也能随时清楚讲到哪里了。

标上序号，让你的发言听起来充满逻辑性

怎样才能做到让即兴演讲富于逻辑性呢？答案是加上序号，比如可以这样讲："关于这件事……第一……第二……"

演讲者本人在排序的过程中也会意识到"超过五条就太多了"，于是自然而然把要点归纳为三条左右。

对于听者来说，如果在一开始就知道后面将会听到几条内容，就可以提前做好心理准备。尤其是在电话里，因为看不到对方本人，所以先说明一句："接下来我会讲两点，第一点是……"这样还可以避免说到一半的时候就被对方挂断电话的尴尬。

听有些人讲起话来，根本不知道什么时候才能结束，听他絮絮叨叨地说着"首先……然后……接下来……最后……结果……总结起来……再加上……"，实在是不胜其烦。

排好序号，同时也方便自己整理

有的人讲话太多，对方听到第四条左右就开始记不住了，如果超过五条的话就更是一点也记不得。所以，如果要点超过五条的话，最

好发给听者一份提纲，或是提前发邮件进行简要说明。

如果没有条件分发提纲，那么最好用“逻辑树”的方法，多分几个层次。比如可以这样说：“大体上分为两点，第一点……第二点……”大分类一定要控制在三个以内。即使要说的内容很多，如果通过序号整理好，自己脑中也有清楚的头绪。

在每段话之前加上序号，听起来富有逻辑性

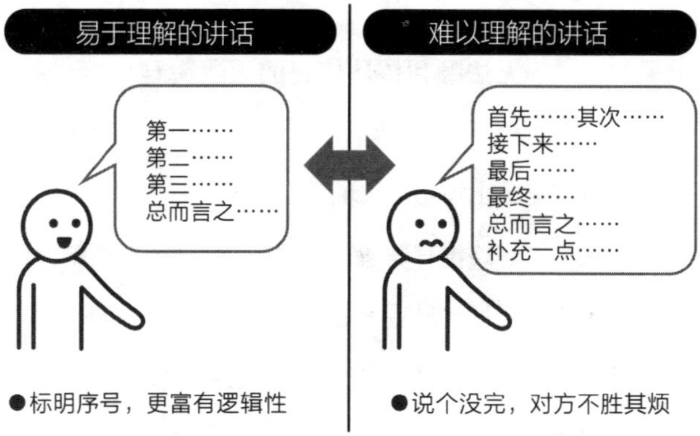

案例44

怎样在上司或他人面前做一场几分钟的展示？

无法顺利传达信息的无逻辑君

无逻辑君经常被上司指出“说话前后矛盾、不知所云”的问题，前辈也经常说他“思路没有理清”。对此，无逻辑君的解释是：自己要考虑到各方面的问题，最后才能做判断。上司和前辈们指出的无逻辑君的问题，总结起来就是：“讲话的内容中有太多重复”“把握不住整体”“说来说去不知道重点在哪里”。

无逻辑君的牢骚

今天真郁闷，搞得我连周末也没有好心情。

为什么周围的人都对我这么冷淡呢？我也是普通人啊！的确，我不懂怎样讲话才算简洁明了，但我也希望得到别人的理解，希望大家能多用心听我讲话啊！

提前说明“下面我要讲三点内容”的逻辑君

逻辑君的演讲受到了上司的夸奖：“把主要内容总结成三点来讲，简明易懂。”前辈们也称赞他：“把内容整理成三个要点，一点遗漏和重复都没有。”

实际上，在展示时把要点总结为三个来陈述的方法，是逻辑君早就设想好的。例如，先点明主题或结论：“发挥营业能力，需要提高三方面的能力。”接下来具体说明：“这三个方面的能力分别是，提案能力、商品能力和信息能力。”

逻辑君的主张：总结为三点讲给听众，无须做笔记也能记在脑中。

为何要将重要内容总结为三点呢？原因在于，作为听者，一次性最多只能记住三条内容。要记住四条内容倒也不是不可能，但第四条很有可能会被忘记。而如果只有两条内容的话则有些少，不过很容易就能记住。

◆ 总结成三点讲给对方，不用做笔记也能记在脑子里

人类最多可以储存三条工作记忆。工作记忆，是指可在同一时间进行加工的记忆。如果工作记忆少于三条，无须做笔记就可以全部记在脑中。俗语中形容“万事俱备”的状态，之所以用“三拍子（三要素）”这个词语，也正是因为它与工作记忆能够储存的数目相同。

还有许多常见的语句也包含三个要素，比如《周刊少年 Jump》登载的漫画三要素“友情、努力、胜利”，这也是人气漫画《海贼王》的主题。《海贼王》讲述了主人公路飞，为了成为海贼王，与敌人战斗，却在战斗中与敌人成为朋友的故事。

柔道中有句有名的口号——“心、技、体”。明治时代，民间流传着以姿三四郎为模范的西乡四郎道场有野蛮人进出的谣言，于是，西乡氏通过宣传柔道的精髓在于“心、技、体”三要素合而为一的思想，强调了精神上的锻炼和塑造的重要性。

◆ 有三条内容，基本就可以达到 MECE 状态了

带着“通过三条内容实现 MECE”的意识，可以让更多的人了解

自己。重型设备公司小松的经营方针中提出了三个概念——“杰出商品、杰出服务、杰出方案”。“杰出商品”是指，支持矿山卡车无人驾驶的商品。“杰出服务”是指，在所有机种上配备 GPS，实现防盗和维修信息的管理。“杰出方案”是指，通过实现矿山卡车的 24 小时无人驾驶，大幅缩减人力成本。

把要说的内容总结为三个要点，更容易让人听懂

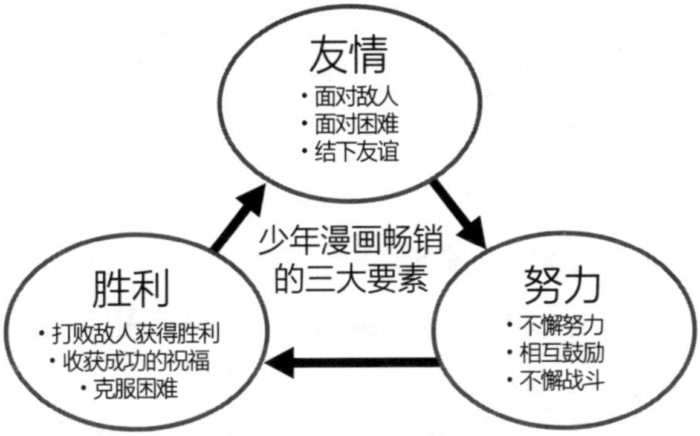

●不多于三条的要点，无须做笔记就可以全部记在脑中

案例45

善于说服别人的人与不善于说服别人的人有何区别？

常常告诉别人“就我的经验来看……”的无逻辑君

无逻辑君有句口头禅——“就我的经验来看”。前些天，公司产品出现了质量问题。营业课长问无逻辑君：“你觉得问题出在哪里？”无逻辑君马上回答：“就我的经验来说，可能是接触不良的原因，电流被阻隔了。”营业课长又问：“你去现场确认过了吗？”无逻辑君回答：“我觉得没必要去现场，所以就没去确认。不过我一会儿就去看看。”课长听了很不满：“先去确认一下实情，再来汇报！”

无逻辑君的牢骚

为什么不相信我的经验和直觉呢？

营业课长要我快点回答他的问题，所以我才不假思索地回答的，课长反而生气了，让我“先去确认一下实情，再来汇报”。那干脆就不要问我问题，先让我去调查一番好了。课长总是用这种方式问我问题，就好像在给我下套一样，真是麻烦死了。

回答完问题之后补充说明原因的逻辑君

逻辑君也有句口头禅——“这样做的原因是……”。举个例子，公司产品出现质量问题，营业课长问逻辑君觉得问题出在哪里。

逻辑君的第一反应是：“请给我三分钟时间。”接下来，为了确保准确性，他重新看了一遍文件，确认之后才向课长汇报原因：“我刚刚确认了一下，是因为焊接问题造成的短路。出现这种情况的原因是，就像照片上这样……”

生产部门已经处理了质量问题，只是营业课长还不知道这个消息。逻辑君把出现质量问题的原因和背后的具体缘由汇报给课长，课长对这个答复十分满意。

逻辑君的主张：想要说服对方的话必须拿出充分的理由。

只对结果进行说明的方式是行不通的，还需要再解释一下原因，这样才称得上富有逻辑性的说明。这里的原因不能是源自经验或直觉等主观意见，而是基于事实的客观说明。所谓客观性，就是任何人都无法否定的事实。说完结果之后再补充一句“这是因为……”，更深入地解释一下，这样才能让对方心服口服。

需要牢记的逻辑理论之——让对方心服口服的一句话——“这是因为……”

详细解释清楚具体原因

结论或主张是用来说明主要内容的，而说服对方接纳这样的结论或主张，则需要进一步解释原因，这时就要用到“这是因为……”这样的语句了。这里的原因必须是客观的、没人能否定的事实。

刑警剧里常见的场景：一群人围着白板在整理“什么是真相，什么是判断”的问题。其中，“事实”是无人能够否定的，而“判断”是没有客观事实支撑的。有事实证明其真实性的“判断”，便可以成为“结论”。举个例子，“嫌疑人 A 肯定是犯人。我当了这么多年刑警，判断绝不会出错。”这句话就是典型的判断，因为说话者给出的理由是自己的经验和直觉，这些主观的东西只有他本人才能理解，不是客观事实，因此不具有说服力。

经验和直觉可以作为线索，帮助我们得出最后的结论（例如，上文搜查的例子中的犯人），但如果没有事实作为支撑，最终只是主观的判断罢了。

用逻辑思维执政的美国政府

英语是一门富有逻辑性的语言。我们经常会听到英语同传人员用到“这是因为”等词汇。

美国政府将一个多民族国家统治得如此之良好，要归功于富于逻辑性的思维方式。美国政府一直秉承三个方针来统治国家：第一，自由主义，全体国民有着共同目标；第二，严守秩序，严格的秩序是统治多民族、多价值观国家的必要前提；第三，用逻辑思维进行政治统治，由一位代表向全体国民进行富有逻辑性的说明，让来自不同民族的全体国民都予以认同。

理由太少是没有说服力的

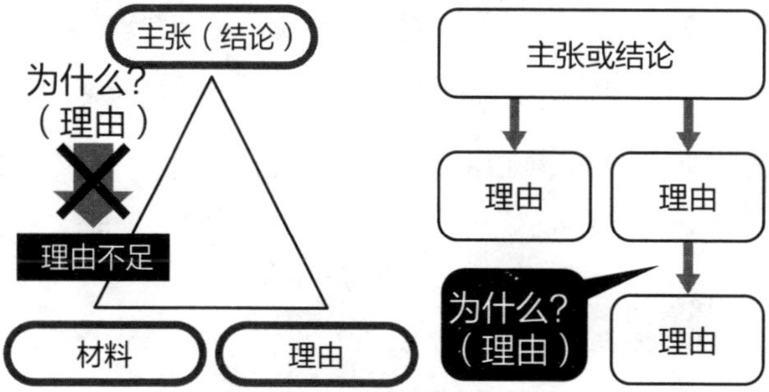

●主张的内容明确，而缺乏令人信服的理由

案例 46

怎样才能不被对方质问“到底要表达什么意思？”

经常令对方一头雾水的无逻辑君

无逻辑君在汇报的时候，经常会被上司质问：“请问，你到底要表达什么意思？”3 分钟过后，又被质问同样的问题。上司足足听了 15 分钟，也没明白无逻辑君讲话的主题，于是命令他“明天再来汇报吧，我要听到你的结论”。无逻辑君手中的调查资料堆积如山，他总是喜欢把调查做得仔仔细细，可是在汇报调查结果的时候，就算花费了一大半的时间也得不到上司的肯定。

无逻辑君的牢骚

我明明很认真地在做调查和现状分析啊……

明明是上司让我汇报实际情况，我才去详细调查的。收集了那么多数据，也认认真真地汇报，上司还要三番五次地质问我“你到底要表达什么”，我还想问他“为什么听不懂我的意思”呢。

提出明确的结论或主张，说服力十足的逻辑君

逻辑君的做法是，对于研究每一份调查数据所得出的结论也进行相应说明。例如，逻辑君会这样汇报：“从这张图我们可以看出，年轻人对本公司产品的兴趣不大。”先明确存在的问题，再提出自己的方案：“因此，我认为应该丰富产品种类，争取让年轻人也对我们的产品感兴趣。”

上司听了很满意：“不错，这个角度很好。至于怎么丰富产品种类，我想听听你的具体措施，明天下午再细聊一下吧！”

逻辑君的主张：把结论告诉对方很重要。

在编写资料的时候，我一定会在每条要点后面注明结论或主张。面对海量的数据，如果不提出确定的结论，而是让对方自己去分析的话，每个人的理解都会有所不同。其实，数据只是用来帮助人们理解结论或主张的有效手段罢了。在提出结论或主张之前，不妨加上一句“总之，我想表达的观点是”或者“综上所述”之类的话，来提示对方注意自己后面要说的内容。

需要牢记的逻辑理论之——最后，用一句“综上所述”来提示结论

做总结之前，用一句“综上所述”来提示结论

拜托调查公司做的市场调研报告出炉了。调查数据极为庞大，报告中整理了多张图表，并详细记录了调查方法，共 500 多页。可是，报告书中缺少对于市场动向进行总结的部分。这样的报告书，即使看了也无法了解市场整体情况。调查公司也一定会遭到质问：“最终结论是什么？”如果公司给出的回答是：“反正我们已经收集到了必要的数据，接下来你们就自行判断吧。”这是不是和无逻辑君的做法如出一辙呢?

只有庞大的数据，而没有结论的话，会让人一头雾水，不知该如何判断。例如缺少“某商品的市场规模以每年 3% 的速度增长”这样的主旨，读者是无法顺利理解的。最好的方法是，先列举出事实和理由，再用一句“综上所述”来提出结论。丢失了结论或主张，是万万不可的。

别忘了提出自己的主张

有的人一讲话就容易跑题，想到什么说什么，让听的人不禁想要吐槽一句："你到底想表达什么啊？"这样的人，让人听不明白他的结论与主张何在，甚至说着说着，连自己都不记得到底要表达什么了。所以，在讲话的时候，需要时刻提醒自己：不要忘记主题，这样才能保证说话内容的一贯性。

如果你也是一个说话容易跑题的人，那么下一次讲话时，就事先把结论或主张提出来，可以在前面加上一句"理由如下"，接着再说明原因，最后再用一句"综上所述"进行概括。

缺少结论（只对现状进行说明，而不提出结论或主张）是没有说服力的

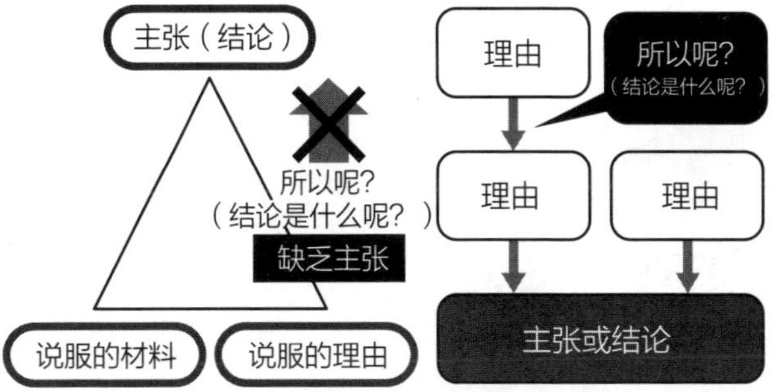

●讲话内容太多，对方会不理解中心思想是什么

案例 47

说服对方的简单方法

把想说的内容全部罗列出来，显得杂乱无章的无逻辑君

无逻辑君的营业成绩名列第一，因此当上了担当课长。担当课长没有部下，实际上只是个光杆司令罢了。可即便如此，无逻辑君还是烦恼极了，甚至连周末都没有过好。因为每周一的早会，他要在营业部全体员工面前讲五分钟的话。无逻辑君花了半天时间写发言稿，可什么都没写出来。

无逻辑君的牢骚

其实我心里都明白，可就是表达不出来。

周六已经过去半天了，我还是没想出下周的早会该说些什么。到了周日晚上，好不容易把稿子写出来了，还得修改，根本没时间练习了，这可不行啊……好好的周末全都浪费在这件事上，有没有人有好办法，能帮帮我呢？

用三条理由解释想说的内容的逻辑君

用电脑编辑讲稿存在三个问题：第一，写稿要花费时间；第二，修改稿子需要花费时间；第三，在台上机械地朗读稿子会显得很呆板。

于是，逻辑君决定用幻灯片来展示。他把内容分为“简介、结论、理由”三个方面。结论是：作为担当课长，今后会更加努力。并且，为此提出了提高营业成绩的“开朗、乐观、朝气”三个口号，后面又添加了一些具体说明，这样就能让听众理解自己想要表达的内容了。

逻辑君的主张：用三条理由来说明结论。

用图解的方式来准备演讲稿有三点优势：第一，短短二三十分钟就可以完成；第二，易于修改；第三，图解的方式一目了然，可以清楚地把握住整体，确定解说方式。正式上台的时候，要带着自信，并在心里提醒自己：不要偏离主题。

需要牢记的逻辑理论之——说服过程①：并列型金字塔结构

◆ 用简单的语言说服对方

金字塔结构，又称金字塔式构成方法。“结论”位于金字塔的顶端，下方由三点理由支撑。以下通过婚礼上的发言来举例说明：结论是“恭贺新婚，接下来的人生中有三道坎需要跨越”。后面继续论述，为何接下来的人生中有三道坎需要跨越。

第一道坎是“上坡路”，也就是两人关系的上升时期，两个人开心而坚定地携手共度。第二道坎是“下坡路”，也就是两人关系的下降时期，此时需要两个人齐心协力，相互忍耐，相互关心。第三道坎是“非常时期”，此时需要的是风险管理，如果遇到意外的事情，需要两个人相互沟通，共同克服困难。另外，再告诉一对新人：如果生活中遇到任何困扰，随时可以来找自己谈心。

最后做总结：跨过这三道坎，就可以永远携手幸福地走下去。仔细想想，这番婚礼致辞，正是采用了金字塔结构。

◆ 用三条理由说服对方

上文介绍的婚礼致辞，采用了金字塔式讲话方式。这种方式的特点是：用三条严格选出的理由来支撑结论。在这里一定要注意：不要出现致命性的遗漏和重复错误，也就是要确保 MECE 的状态。这样可以防止被人指出死角，因此具有强大的说服力，会让对方感叹：“原来如此啊，一点漏洞也没有，这三条理由真的让我心服口服。”

并列型金字塔结构（依据讲话的先后顺序排序）

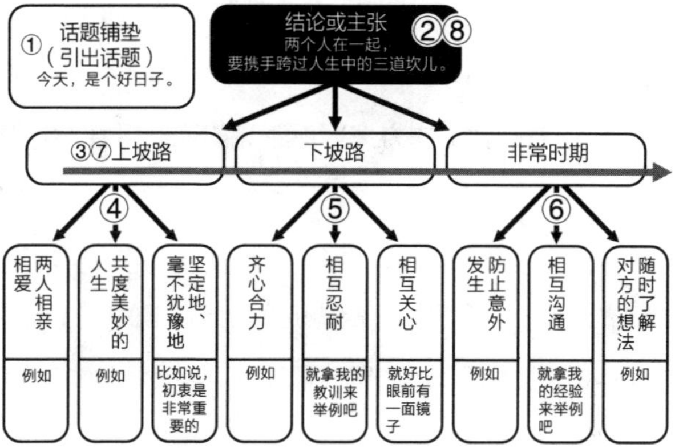

案例 48

怎样进行复杂的说明？

对其他解决方案视而不见的无逻辑君

商品开发部长要求无逻辑君设计一份创新性的空调产品方案。无逻辑君给出的方案是一份以往曾经设想过的方案：可在 0.5 摄氏度的范围内调节温度的家用空调。开发部长听了之后并不是很满意，于是无逻辑君解释："高级酒店的空调也只是能在 0.5 摄氏度范围内调节温度，如果家用空调的温度调节范围设计在 0.5 摄氏度以内的话，会不会太奇怪了？"开发部长依然不认同无逻辑君的观点，要他再想想别的方案。

无逻辑君的牢骚

连商量的机会都不给我吗？

这可是我设想了好久的方案，居然连个讨论的机会都不给。我是觉得，能在 0.5 摄氏度范围之内调节温度，又是其他公司尚未开发的产品，这样的空调销路一定会很好……

从所有的选择中挑出最佳解决方案的逻辑君

逻辑君也被要求设计出一份创新性的空调产品方案。他想了三个方案：A 方案是基于现状的改良方案；B 方案是网络家电方案；C 方案是针对停电的方案。

A 方案中开发的新产品可以在 0.5 摄氏度范围之内进行温度调节；B 方案中的产品可以通过智能手机进行远程操作；C 方案中的产品通过在室外机上安装电池，可以在停电后继续工作六小时。

逻辑君做了张一览表，用来对照说明三种方案的性价比以及优劣势。并提出，这一次先实施 A 方案，B 方案和 C 方案留到下期及以后再具体开发。

逻辑君的主张：提出能帮助对方拓宽思路的方案。

没有任何铺垫地直接提出一项方案，往往会让对方怀有疑问，并在潜意识里觉得“是不是还有更好的方案呢”，而如果同时提出多项方案，可以为对方创造在对比的同时进行思考的机会。如果自己考虑后的结果是：A 方案最佳，于是只向对方建议 A 方案的话，很可能会被对方质问“有没有更好的方案呢”。

需要牢记的逻辑理论之——说服过程②：解说型金字塔结构

需要进行复杂说明的情况

向对方说明自己的结论或主张时，如果遭到对方的反问，这时就需要采取解说型金字塔结构进行说明。例如，建议对方去关岛旅行，却遭到反对：“我不喜欢关岛这个地方。”

遭到对方反对的时候，有个技巧是：从源头开始发问，再慢慢解释，最后得出结论。比如可以问对方：“短期休假方便去的地方有哪些呢？”接下来和对方一起思考。说服对方需要经历三个阶段：第一阶段，列举出海外旅行的候选地，也就是“判断材料”；第二阶段，确认“判断标准（评价标准）”，“既然休假时间不长，那么来一次短距离又实惠的旅行如何呢”；第三阶段，说明“判断内容”，即做出判断，“短距离又实惠的旅行，去关岛如何？或者韩国、中国台湾这些地方怎么样？”最后一步，提出自己的结论或主张。

提出更好的解决方案

解说型金字塔结构，是从所有的选项中找出最佳的一个，因此具有较高的说服力。比如，考虑在公寓里养什么宠物的问题时，首先列举出小动物、鱼类、小猫小狗等“判断材料”；接下来提出精神、物理、经济等方面的“判断标准”。

最后再提出“判断内容”。用三个标准（精神方面、物理方面、经济方面）对材料中的小动物、鱼类、小猫小狗等进行判断，得出结论——独居女性饲养宠物的最佳选择是小狗。

解说型金字塔结构

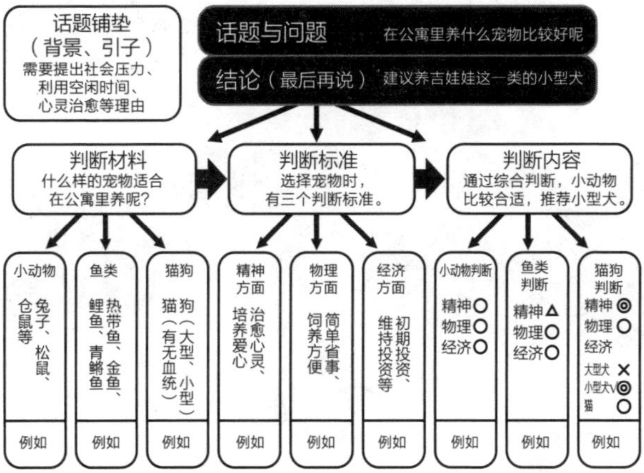

图书在版编目（CIP）数据

逻辑工作法 /（日）西村克己著；罗梦迪译. —北京：北京联合出版公司，2017.10（2017.12重印）
ISBN 978-7-5596-0866-6

Ⅰ. ①逻… Ⅱ. ①西… ②罗… Ⅲ. ①逻辑思维 Ⅳ. ①B804.1

中国版本图书馆CIP数据核字（2017）第204707号

著作权合同登记号 图字：01-2017-5188

逻辑工作法

作　　者：（日）西村克己
译　　者：罗梦迪
责任编辑：宋延涛

北京联合出版公司出版
（北京市西城区德外大街83号楼9层 100088）
三河市文通印刷包装有限公司印刷 新华书店经销
字数：119千字 700mm×980mm 1/32 印张：7
2017年10月第1版 2017年12月第2次印刷
ISBN 978-7-5596-0866-6
定价：36.80元